JN026707

「気持ちいい」から考える ゲームアイデア講座

東京工芸大学 芸術学部 教授
吉沢秀雄

技術評論社

はじめに

まず、この本に興味を持ってくださって、ありがとうございます。

この本に興味を持たれたということは、あなたは今まさにゲームのアイデアを考えようとしている方ですね。ゲームが大好きで、ゲームからいろいろな楽しみやスリルや驚きや感動をもらって、いつしか自分でもゲームを創ってみたいと思うようになり、その夢を実現しようと今まさに頑張っていることでしょう。

あなたは大学や専門学校のゲーム学科で、ゲーム制作について勉強している方でしょうか？　それともゲーム学科以外の学部で勉強しながら、将来ゲーム制作会社に就職を夢見ている方でしょうか？　はたまた、すでにゲーム制作会社に入社して、これから活躍しようと意欲に燃えている新入社員の方でしょうか？　もしかしたらもう入社２〜３年目でそろそろ自分のアイデアを商品化して会社に自分の存在をアピールしようとしている方かもしれませんね。

いずれにしても「ゲームのアイデアを考える方法」をお探しの方だと思います。この本はまさにそういう方のための本です。

わたしはバンダイナムコスタジオ在職中に32年間ゲーム創りに携わってきた経験を「ゲームプランナー集中講座〜ゲーム創りはテンポが９割」という本にまとめました。そして2016年に退職した後、それを元にして全国の大学や専門学校で講演させていただく中で、逆に学生さんからたくさんのことを学びました。何が困っているのか、どのように伝えたら理解してもらえるのか、何が役に立ったのか、講演の度に学生さんからの感想や意見を元に改良を重ね、現在の講義になりました。

そして全国のゲームアイデアを考えている方々に、わたし流のアイデアの考え方をお伝えし、少しでも参考にしてもらえたらと思ってその講義内容をまとめたのがこの本です。

さて、今でこそわたしは大学や専門学校でゲームの創り方を指導する立場になっていますが、新入社員当時のわたしはゲームのことをまったくわかっていませんでした。

元々わたしは明治学院大学の社会学部社会学科卒ですので、特にゲームの創り方を学校で習ったことはありません。また、会社に入ってからも研修などでゲームの創り方を教えられたこともありませんでした。むしろ会社に入るまでテレビゲームなんてほとんど遊んだことがなかったぐらいです。そういう意味では今のあなたの方が当時のわたしなんかよりも余程ゲームに詳しいと思います。

そんなわたしがどうやって32年間ゲームを創り続けてこられたのか？

わたしがやってきた発想法やアイデアのまとめ方を解説したら何かの参考になるんじゃないかと思い、筆を執りました。

ゲームについてまるで無知だったわたしにできたのですから、あなたにできないことはありません。

自信を持ってこの本を読み進めてください。

わたしがゲーム創りを始めるまで

参考までにわたしがゲーム創りを始めるまでの経緯をお話ししようと思いますが、興味のない方はさっさと13ページまで飛ばしてくださっても大丈夫ですよ。

わたしが初めて触れたビデオゲームは高校生の頃で、テレビテニスでした。その後、タイトー社の「スペースインベーダー」が大流行し、わたしの街でもアップライト筐体がたった1台置かれただけの小さな店舗で遊べるようになり、友達に誘われて遊びに行きました。すると何と行列に1時間以上並んで、ようやくわたしの番になり、100円玉を投入して遊び始めると、瞬く間にやられて、たったの30秒程で3機失い、ゲームオーバーになりました。友達はもう1回並ぼうと言いましたが、わたしは嫌だと言って帰ってしまい、それ以来ビデオゲームを遊ぶことはありませんでした。

大学ではシナリオ研究会というサークルに所属して、映画を観まくり、シナリオを書いたり、仲間と自主映画を撮ったりしていましたが、ビデオゲームで遊ぶことはありませんでした。しかし、わたしの友達が「ディグダグ」や「ゼビウス」で遊ぶのをいつも対面に座って観ているのでした。

就職では第1志望はマスコミだったので、テレビ局や映画会社、出版社、レコード会社などを受けていましたが、狭き門で全滅、次にサンリオなどのファンシーグッズの会社などを巡るもこれまた全滅、途方に暮れている時、リクルートの求人情報誌を眺めていて目にとまったのがテーカン株式会社でした。

テクモの前身であるテーカンは、中堅のゲーム基板販売の会社で、数年前からゲーム開発を始めたところでした。わたしは大学入試で一年浪人していたので1年前に就職した高校の友人がナムコに就職していたのを思い出し、そこみたいな会社かな、ぐらいの軽い気持ちで受けてみたのです。

するととんとん拍子に話が進んで内定をもらってしまいました。他にも小さな出版社やCM制作会社を受けましたが全滅で、結局テーカンに就職することになりました。とは言っても採用されたのは開発部ではなくて、販売部でした。

ですから初めは販売部でゲームセンターの経営者に営業してゲーム基板を売る仕事をしていました。先輩社員は毎月何百枚もの基板を売り上げるのですが、新人であるわたしはせいぜい10枚程度売るのが精一杯で、せめて自分の給料分ぐらいは稼げと発破をかけられていました。だから常に会社には申し訳ない気持ちがあって、営業回りの途中で見かけたゲームセンターには必ず寄って、新しいゲームやロケテスト中のゲームを見つけてはレポートを書き、それがない時は思い付いたゲームのアイデアを家でレポートに書いて、翌日販売部長に提出していました。

販売部長はわたしがレポートを提出すると必ず「ありがとう」と言って喜んでくれるので、これに気を良くして、2～3日に1枚のペースでレポートを書いていました。

ある時「スターフォース」というシューティングゲームを販売することになって、販売部内のみんなで遊んでいた時のことです。社長が通りかかってモニターをのぞき込みました。

画面にはかなり先のステージの砂漠の面が映っていて、クレオパトラの100万点ボーナスが出現するところでした。

社長が「これはどこのゲームだ!?」と言うので「当社のスターフォースですよ」と言うと「こんな画面もあるのか!?」と驚いたので、100万点ボーナスのことを話すと、これを記事にしてブックレットを作れと言いだしたのです。

わたしが大学でシナリオを書いたりしていたのを知っていた社長が「おまえは文章書けるんだろ?」と言って、わたしを指名して原稿から写植、印刷所の手配、製本、納入までをひとりでやることになりました。

急いで開発部に赴き、開発者に取材して家に帰ってから徹夜で原稿を書き、レイアウトして、印刷所と打合せして、8ページオールカラーのブックレットが完成しました。

これは業界でも話題になって「スターフォース」はスマッシュヒットとなりました。

そんなこんなで入社して半年が過ぎた頃、急に辞令が出て、開発部に異動になったのです。何と開発課長が毎回わたしのレポートを読んでくれていて興味を持って引っ張ってくれたのでした。

初めて担当したのは「ピンボールアクション」というアーケード用テレビピンボールの盤面のデザインでした。その間にも思い付いたアイデアをレポートにまとめ、開発課長の上田さんに見てもらっていました。上田さんはユニバーサル社で「ミスタードゥ」というゲームを、テクモで「ボンジャック」や「スターフォース」を企画し、後にアトラス設立に参加して「女神転生」を創った方です。

上田さんはわたしのアイデアを見ても、取り立ててアドバイスなどはしてくれませんでした。「う〜ん、なんかピンとこないんだよねぇ〜」などと言うだけなのです。

しかし本当にたまに仕様の一部分を指して「でも、これはいいよね」とだけ言ってくれることがあるのです。それだけが頼りで、これがいいんだったらこれもいいはずだ、と新しいアイデアを書いて見せにいくと「ん〜、なんか違っちゃったなぁ〜」と言われてしまったりしました。そんなことを繰り返す毎日だったんです。

それが「マイティボンジャック」の開発が終盤を迎えた頃、上田さんが退職することになったのです。開発部に異動になってから1年半しか経っていませんでした。そしてそれからはすべて自分で判断しなくてはならなくなりました。

この時点でもゲームの知識においても、開発経験においても、今学校でゲーム創りを学んでいる学生さんとはほとんど大差ない、どころか遥かに足りなかったと思います。

その後わたしは、おもしろいゲームは何でおもしろいと思えるのかを必死に考えました。ゲームマニアの同僚がどんなところにハマっているのか、何をおもしろがっているのかを知ろうとしました。また、ヒットしているゲームは何をする「遊び」なのかを分析するようにしました。そうして見様見真似でやっているうちに自分なりの開発スタイルというものができていったように思います。

ですからあなたも今からこの本でアイデアを考えるノウハウと、「遊び」を分析する習慣を身に付けさえすれば、きっとわたしよりも素晴らしいゲームアイデアを思い付いて創ることができるはずです。

CONTENTS

■ はじめにお読みください

ゲームは「気持ちいい」から考える

ゲームのアイデアを考えようとした時、一体何から始めたらいいんだろうと悩んでいる方はたくさんいるでしょう。
そんなあなたにわたしが長年やってきた方法をご紹介します。
まず初めにやることは「気持ちいい」を見つけることなんです。

プロクリエイターとしての心構え

2015年12月、バンダイナムコスタジオ在職中に「ゲームプランナー集中講座　ゲーム創りはテンポが9割」という本を出版しました。この本は32年間、ゲーム開発の現場でスタッフに対して話したり、アドバイスしたりして伝えてきたノウハウや、ナムコの新規事業で産学連携事業として行なわれていた講師派遣で、いろいろな大学や専門学校に派遣されて講義した時の内容を総括的にまとめた本でした。

2016年にバンダイナムコスタジオを円満退社して、フリークリエイターに転身してからも、ありがたいことにいろいろな大学や専門学校、あるいはゲーム会社などからもお声掛けいただいて、この拙著を元にした講演活動をさせてもらいました。その際、講義の他に学生さんからアイデアをプレゼンテーションしてもらって、それに対してコメントするという機会も多く、1年で100本ぐらいのアイデアを見させてもらいました。

そうして学生さんのアイデアを多く見ていると、素人の学生さんとプロのゲームクリエイターとの違いがわかってきました。

1-1-1　プロとしての意識

まず一番違うのはゲームに対する意識の違いです。

あなたは生まれた時からビデオゲームが身近にあって、ずっと楽しんできたことと思います。PlayStation2や3、ニンテンドーDSやWiiなどのハードが家にあって、または買ってもらって、暇さえあればゲームで遊んでいたのではないでしょうか？

そして今ではスマホのアプリをダウンロードして、通勤通学の電車の中や、待ち時間などに「モンスト」や「パズドラ」「ポケモンGO」などを遊んでいることでしょう。

そんなあなたにとって、ゲームとはどんな存在ですか？

ちょっとした時間の暇つぶし？　友達とのコミュニケーションツール？　それとも毎日の生活を充実したものにしてくれる娯楽でしょうか？

とにかくゲームで遊ぶことで、楽しんでいることは間違いないと思います。だって楽しくなかったら、すぐにやめてしまっているはずですから。

ですからゲームユーザーである限り、次から次へと出てくる新しいゲームの中から、自分が楽しいと思えるものを思う存分楽しんでもらって結構です。

しかし、もしあなたがプロのゲームクリエイターになりたいと思うのなら、意識を変える必要があるのです。

1-1-2　エンターテインメントは“おもてなし”

わたしはテクモからナムコに転職してから24年間勤めていたので、多分にナムコイムズのようなものに影響を受けていると思います。それは取りも直さずナムコ創業者である中村雅哉さんの影響と言っても過言ではありません。

中村さんは、1925年に神田の鉄砲鍛冶商を営む家の長男として生まれ、「戦後の焼け跡で遊ぶ子どもたちが元気に明るく遊べる場所をつくってあげたい」、そして「夢があり、人に喜ばれる仕事がしたい」という想いから、30歳の時、有限会社中村製作所を創業し、まだ「遊び」が世の中に承認を受けていない中で「遊び」の事業化に踏み出したのでした。それは1955年のことです。

中村青年はまず2台の木馬を購入しました。木馬というのは、遊園地などにある遊具で、子どもを乗せてお金を入れると一定時間前後上下に動く乗り物のことです。そして横浜伊勢佐木町にあった松屋百貨店の屋上にそれを設置して営業を始めます。その当時を振り返って中村さんは後にこう語っています。

「当時のわたしは自ら木馬に油を差し、雑巾掛けをすることは勿論、お子様たちを抱きかかえて木馬に乗せて差し上げ、そして一言親御さんたちに声をかけるのです。

『元気なお坊ちゃんですね』

『かわいらしいお嬢ちゃんですね』と。

小さなことですが、より快適に、より楽しく遊んでいただくことで、お客様にもう一度ご来店いただくための工夫でもあったわけです。これは現在にいたるまでナムコに脈々と受け継がれる『エンターテインメント＝おもてなし』の原点、不変のDNAの発生の瞬間だったのかもしれません」(出典：中村雅哉「夢を売る男になりたいねえ」)。

『エンターテインメント＝おもてなし』

この意識は、ナムコ社員全員に浸透しているものでしたが、それはむしろナムコというよりもゲーム業界全体に広がっている意識なんじゃないかと思います。

1-1-3　おもてなしの精神とは

エンターテインメントを志す者は、この「おもてなしの精神」がないと勤まらないと言っていいでしょう。

あなたは生まれてから今まで、ゲームを存分に楽しんできたことと思います。しかし、これからは誰かを楽しませるためにゲームを創る立場になろうとしています。

つまり、ゲームは「自分が楽しむためのもの」から「他人を楽しませるためのもの」になるのです。これが「おもてなしの精神」です。

1 2 3 4 5 6 7 8 9

この意識を持っているかどうか、まさにそこがプロとアマチュアの大きな違いです。いかに自分が楽しいと思えるか、それはとても大事なことです。自分が楽しいと思えないことは、いくら頑張ってみても他人を楽しませることはできませんから。
しかし、自分が楽しめるものが必ずしも他人をも楽しませるものになるとは限らないのです。それではエンターテインメントとは言えません。
自分が楽しめるものが見つかったら、次にそれをどうしたら他人も楽しめるものになるだろうか、という視点で考え続ける努力をすることです。

1-1-4 陥りがちな落とし穴

「おもてなしの精神」の有無の次に違うのは、アイデアを考える深さです。
今まで講演をさせていただいた大学や専門学校で、多くの学生さんからアイデアをプレゼンしてもらう機会に恵まれました。その際によく感じることがありました。学生さんの陥りがちな落とし穴についてです。しかも大体それは共通したものでした。
学生さんも真剣にゲームのアイデアを考えます。そしてある時、頭にひとつのアイデアがひらめくのです。
「あ、こんなのいいんじゃない？」
実はここまではプロも学生さんもほぼ違いません。でも最大の違いはここからなのです。学生さんの場合、ここでアイデアを突き詰めて考えるのをやめてしまうことが多いのです。
「あ、それいいね、いいね」と、いきなり肉付けするアイデアを考え始めてしまいます。
「だったらこんなのもあったらいいね」
「それならこうしたいね」
などというように。これでは骨格のはっきりしない「メタボな企画」になってしまいます。
それではプロはここから先、いったい何を考えるのでしょうか？　わかりますか？
それは「どういう遊びになるか？」ということです。
「あ、こんなことができたらいいんじゃないの？」
「確かにそれは楽しそうだ」
「それはいったい何を楽しむ遊びになるんだろう？」
「なるほど、こうなっていたら、こういう遊びになるね」
といった具合に、引き続き考え続けます。そうしてそのアイデアが何の「遊び」になるのかが見えた時点で、初めて肉付けするアイデアを考え始めるのです。そうすることで「メタボな企画」とは異なる、言わば骨格のしっかりした「筋肉質な企画」になるのです。

1-1-5　アイデアの前ではプロもアマチュアもない

アイデアを考えるということに関しては、プロとアマチュア、学生さんの差はあまりないと思います。アイデアが思い付くか思い付かないかに、ゲームの開発経験があるかないかは関係ありません。会社でも、平社員より主任、主任より係長、係長より課長、部長、社長の方がいいアイデアが思い付きやすいなんてことはありません。むしろいろいろなしがらみや固定観念があって、役職が高いほど斬新な発想ができないこともあり得ます。

だからあなたが今日、どのゲームメーカーの開発者も考えついていないアイデアを急に思い付くことだって十分あるのです。ただ、そこから先、遊びやゲームにするための考え方次第で、それはアイデアとして成立するか否かが決まってくるのです。

「気持ちいい」からゲームを分析する

あなたはゲームのアイデアを考える時、何から始めますか？　天才だったらじっと瞑想していたら、天からアイデアが降ってくるかもしれませんが、なかなかそうはいきません。何か考えるきっかけがほしいですよね？

1-2-1　ゲームを見て考える？

まずは今人気のあるゲームを片っ端から遊んでみるという人もいるかもしれませんが、実はあまりお勧めしません。

例えばスマホアプリの「パズル＆ドラゴンズ」を遊びながらアイデアを考えたとしましょう。するとどうしたって赤青黄緑の玉を指でカリコリカリコリと入れ替えていく遊びが脳裏をよぎってしまいませんか？　または同じ色が３つ揃ったら消えるというルールが頭から離れないんじゃないですか？　消えた分の攻撃が敵に浴びせられる映像が頭に浮かんでしまいませんか？

ゲームを遊びながらアイデアを考えると、そのゲームの仕様にどうしたって引きずられてしまい、新しいアイデアが出にくくなると思うのです。「パズドラ」を見ながら考えて出てくるアイデアは言わば「パズドラ」の改良案に過ぎないわけです。これでは「新しい遊び」とは言えません。だからゲームのアイデアを考える時、ゲームを見て考えないことです。

1-2-2　ジャンルから考える？

他にも、ジャンルを決めて考え始めるなんて人もいるのではないでしょうか。例えば「今からアクションゲームのアイデアを考えるぞ！」と考え始めるということです。それもあまりお勧めしません。

ひとつ質問をしてみます。アクションゲームと言ったらすぐに頭に思い浮かぶゲームタイトルは何ですか？

「スーパーマリオブラザーズ」でしょうか？

ではRPGと言ったらどんなタイトルが思い浮かびますか？

「ドラゴンクエスト」？　「ファイナルファンタジー」？

ほら、ジャンルを耳にするとそのジャンルを代表するような大ヒットタイトルが頭をよぎりますよね。するとそれはそのゲームの仕様に引きずられてしまって、結果的にゲームを見てゲームのアイデアを考えているのと同じことになってしまうのです。これでは「新しい遊び」は思い付きにくくなってしまいます。だからゲームのアイデアを考える時、ジャンルから発想しないことです。

1-2-3　よいゲームに共通するのは「気持ちいい」こと

それではいったいアイデアの種を見つけるために、最初にするべきことは何でしょうか？
わたしは

「気持ちいい」を見つける

ことだと思っています。なぜなら、ゲームは気持ちよくなるためにやるものだからです。

ゲームで遊ぶことは義務でもなく、宿題でもなく、仕事でもないので、嫌ならやめてしまっても何の問題もありません。だから遊んでみて嫌な気持ちになったらやめてしまいます。ゲームはすぐやめられてしまうものなのです。

自分でゲームを遊んでいる時を考えてみてください。

プレイしていて気持ちよくも楽しくもないゲームをいつまでも我慢してプレイし続けますか？　最近だとスマホアプリなどは無料で簡単にダウンロードできるので、興味を持ったらとりあえずダウンロードして、ちょっとプレイしてイマイチおもしろくないなと思ったら、即行削除して違うゲームを遊びませんか？　自分が遊んでいる時がそうなのですから、あなたが創ったゲームにだって他の人からしたら同じ対応をするに決まっているじゃないですか。

だからプレイヤーが遊ぶのを嫌にならないようにゲームは「気持ちいい」ことを提供し続ける必要があるのです。

もちろんゲームですから、いつもうまくできるとは限りません。なかなか攻略できなくて、「えーい、もうやめた！」って投げ出したくなることだってあるでしょう。でもおもしろいゲームはそれでもやめられなくて、ついもう１回チャレンジしてしまいませんか？　なかなかクリアできなくて、嫌な気持ちになったはずなのに、なぜもう１回遊びたくなってしまうのでしょう。

それは、おそらくクリアできてもできなくても、その過程で行なっている行為自体が「気持ちいい」からなのではないでしょうか？

1-2-4 既存のゲームやジャンルから何を学ぶか

ゲームを見てゲームのアイデアを考えない、ジャンルからゲームのアイデアを考えないということは著書「ゲームプランナー集中講座〜ゲーム創りはテンポが９割」の中で詳しく書きました。ある専門学校でこれを基にした授業をした時、後日そこの学校の先生から「もうゲームもジャンルも見ないでアイデアを考えます」と宣言した学生さんがいて、過去のゲームを研究する授業にまじめに取り組もうとしなくなって困ったという話を聞きました。

これは大きな勘違いです。新しいアイデアを考える際に既存のゲームやジャンルから考え始めるのはアイデアの幅を狭めかねないのでよくないとは言いましたが、既存のゲームや既存のジャンルについて知らない方がいいと言っているわけではありません。むしろ知らないと自分のアイデアが新しいかどうかもわかりません。

また、自分が思い付いたアイデアを評価したり、発展させたり、膨らませたり、まとめたりする際には既存のゲームや既存のジャンルについての知識が武器となるのです。

今の学生さんは生まれた時からビデオゲームというものがあって、誰でもゲームで遊んだことがある反面、逆にあまりゲームを知らない印象を受けます。

もちろん最近の流行りのゲームは遊んでいるのでしょうが、話を聞いてみると好きなジャンルや好きなゲームシリーズのみに偏っていて、他のジャンルやゲームはまったく遊んだことがなかったり、知識としても知らなかったりすることがあります。

まだこの世にない新しい遊びを創造しようとするなら、今までに存在している遊びについて知ることは大切だと思うのです。それは決して過去のゲームのアイデアを真似しようと言っているわけではありません。過去のゲームには、よく考えられた様々なアイデアが詰まっています。それをそのまま使うのではなくて、自分のアイデアを豊かにするための道具として利用するのです。

ですから、過去のゲームで名作と言われているゲームぐらいは、ぜひ一度はプレイしてその作品がどういう遊びなのか、その遊びの何が気持ちいいのかを知っておいてほしいのです。それを知ることは必ずあなたがアイデアをまとめていく時の武器になります。そういう意味でも既存のおもしろいゲームを分析してみるのはアイデアを考えるのにとても役に立ちますので、アイデアを考え始める前にここから始めましょう。

次のページにぜひ遊んでおいてもらいたいゲームのリストを掲載しておきましたので遊んでみて、そのゲームの「気持ちいい」は何かを考えてみてください。

表 1　ぜひ遊んでおきたいゲーム集　　＊そのゲームの特徴的な「気持ちいい」とその要因を分析してみよう！

ジャンル		タイトル
大カテゴリ	小カテゴリ	
アクション（ACT）	2D 横スクロールアクション	スーパーマリオブラザーズ、悪魔城ドラキュラ、スーパーマリオ ラン
	2.5D アクション	風のクロノア、INSIDE
	3D アクション	デビルメイクライ、真・三国無双、スパイダーマン
	アクションアドベンチャー	ゼルダの伝説、アンチャーテッド
	ステルスアクション	メタルギア、アサシンクリード
	サバイバルホラー	バイオハザード、ラスト・オブ・アス
	対戦アクション	ボンバーマン、大乱闘スマッシュブラザーズ、機動戦士ガンダム戦場の絆
	対戦格闘（格ゲー）	ストリートファイター 2、鉄拳
シューティング（STG、SHT）	2D シューティング	スペースインベーダー、ギャラガ
	2D 縦スクロールシューティング	スターフォース、弾幕シューティング
	2D 横スクロールシューティング	グラディウス
	レールシューティング（ガンシューティング含む）	パンツァードラグーン、タイムクライシス
	ファーストパーソンシューター（FPS）	DOOM、バトルフィールド
	サードパーソンシューター（TPS）	スプラトゥーン
パズル（PZL）	パズル	倉庫番、ピクロス、爽解！まちがいミュージアム
	アクションパズル	ソロモンの鍵、Portal3D、ミスタードリラー
	落ちものパズル	テトリス、コラムス、ぷよぷよ
	消しものパズル	LINE ディズニーツムツム
	3 マッチ	パズル & ドラゴンズ、ZooKeeper、キャンディクラッシュ
アドベンチャー（ADV/AVG）	テキストアドベンチャー	ファミコン探偵倶楽部、ダンガンロンパ
	サウンドノベル	かまいたちの夜、街、428 ～閉鎖された渋谷で～
	シネマティックアドベンチャー	デトロイトビカムヒューマン
シミュレーション（SLG/SIM）	戦略シミュレーション	大戦略、ファミコンウォーズ、スーパーロボット大戦
	リアルタイムストラテジー（RTS）	ヘルツォークツヴァイ、スタークラフト
	シミュレーション RPG	ファイアーエムブレム
	育成シミュレーション	プロサッカークラブをつくろう、アイドルマスター
	恋愛シミュレーション	ときめきメモリアル、ラブプラス
ロールプレイング（RPG）	RPG	ウィザードリィ、ウルティマ、ドラゴンクエスト、ファイナルファンタジー
	アクション RPG	イース、聖剣伝説、ガントレット
	ダンジョン RPG	ローグ、トルネコの大冒険不思議のダンジョン
	オープンワールド RPG	ゼルダの伝説 ブレス オブ ザ ワイルド
	MO、MMORPG（大規模多人数同時参加型オンライン RPG）	モンスターハンター、ファイナルファンタジー XIV
スポーツ	野球、サッカー	ファミスタ、パワフルプロ野球、ウイニングイレブン
レース	カーレース	リッジレーサー、グランツーリスモ
リズムゲーム（音ゲー）	リズムアクション	ビートマニア、太鼓の達人、パラッパラッパー、ダンスダンスレボリューション
カードゲーム	カードゲーム	マジック・ザ・ギャザリング、シャドウバース
ボードゲーム	ボードゲーム	モノポリー、いただきストリート、桃太郎電鉄
パーティーゲーム	パーティーゲーム	マリオパーティー、1-2-Switch
テーブルゲーム	テーブルゲーム	ポーカー、ブラックジャック
ギャンブルゲーム	ギャンブルゲーム	スターホース、スロットマシン
実機シミュレーター	実機シミュレーター	トップランディング、電車で GO
トレーニング	勉強学習トレーニング	脳を鍛える大人の DS トレーニング
コミュニケーション	コミュニケーション	どうぶつの森
サンドボックス	サンドボックス	マインクラフト、ドラゴンクエストビルダーズ
放置ゲー	放置ゲー	ねこあつめ

1-2-5 「スーパーマリオブラザーズ」の「気持ちいい」

それでは実際にゲームの分析をしてみましょう。まずは見本として「スーパーマリオブラザーズ」で考えてみます。

もしまだ一度も「スーパーマリオブラザーズ」を遊んだことがないという人がいたら、どのハードでも構わないので今すぐ「マリオ」シリーズのどれかを遊んでみてください。任天堂ハードを持っていない方はスマホアプリの「スーパーマリオラン」をダウンロードして、無料で遊べる最初のステージだけでも遊んでみてください。遊んだら、次の演習へ進みましょう。

演習1　「スーパーマリオブラザーズ」の「気持ちいい」

次の質問の答えを書き出してください。
【制限時間：5分】

① 「スーパーマリオブラザーズ」ならではの「気持ちいい」は何ですか？

② その時どんな行為をしますか？

③ その行為をするための操作はどんなテンポで行なわれますか？

書けましたか？　それではひとつずつ見ていきましょう。

①「スーパーマリオブラザーズ」ならではの「気持ちいい」は何ですか？

「スーパーマリオブラザーズ」というゲームは、横スクロール型のアクションゲームです。このゲームを遊んでいて、一番気持ちいい瞬間とはどんな時でしょうか。ファイアフラワーを取って、火の玉を発射して敵を倒した時ですか？　それとも隠し要素のツルを発見した時でしょうか。もしくは敵を踏ん付けて倒した時ですか？　またはゴールの旗の一番高いところに掴まることができた時ですかね。確かにどれも「スーパーマリオブラザーズ」ならではの気持ちいい瞬間ですね。でもそれはゲーム全体を通して見た時、ほんの一部に過ぎません。このゲームを遊んでいてもっと全体に渡って存在する「気持ちいい」があるはずです。

敵に接触して小さくなってしまったり、ジャンプが足りず、向こうの床に届かなくて穴に落ちたり、敵の弾に当たったり、仕掛けの炎に焼かれたりしてクリアできず、最初からやり直しになってしまう…なんてことが何度も何度も繰り返されますよね。でもあと１回！　もう１回だけ！　今度こそ！　とリスタートしてしまいます。それは何ででしょう？

それは**「フィールドをノンストップで駆け抜ける」**ことが「気持ちいい」からなのです。この行為自体が「気持ちいい」ので、敵にやられても、穴に落ちても、またこの気持ちいい行為をやりたくなってしまうのです。

もちろん行く手には敵や崖やいろいろなギミック（仕掛け）が待っていて、なかなか思うようにはいかないのですが、次第にその配置を覚えていって、軽快に駆け抜けられるようになっていく過程が楽しくありませんでしたか？　そしてその時「気持ちいい」と感じませんでしたか？

「スーパーマリオブラザーズ」はうまくなればなる程、気持ちよくフィールドを駆け抜けられるようにできているのです。

② その時どんな行為をしますか？

これは簡単ですよね。「ジャンプ」ですね。十字ボタンで左右移動とかＢボタンダッシュなども加えた人もいることでしょう。それでも間違いではありませんが、ここはその中からそのゲームを特徴付ける操作に絞って書き出すのがいいでしょう。もっと複雑な操作のゲームもたくさんありますが、その中で特にそのゲームを特徴付ける操作は何かを考えることで、そのゲームの本質というか一番根っ子にあるアイデアにたどり着けると思うのです。

「スーパーマリオラン」をやってみればわかると思います。このゲームはスマホアプリなので、スマホを縦持ちにして片手で遊べるようにするため、マリオは自動的に右に向かって走って行き、操作は画面下部をタッチしてのジャンプのみになっています。「スーパーマリオブラザーズ」の要素の中からひとつだけ切り出したのがジャンプというわけです。このことからもマリオにとってジャンプが本質だということがわかりますよね？

③ その行為をするための操作はどんなテンポで行なわれますか？

これが一番難しかったのではないでしょうか。テンポを言葉で表現するのはとても難しいですよね。特に他人に伝えようと思ったら、どんな言葉を紡いでも正確には伝わらないかもしれません。わたしはそんな時、よく擬音を使って表現しています。

例えば一定の間隔でボタンを押すテンポだったら「トン、トン、トン、トン」とか。また、次第に加速して大ジャンプするようなテンポだったら「タ。タ。タ、タ、タ、タタタタタタター、ピョーーーン！」とか。そんな風に擬音で表現できればOKです。

「スーパーマリオブラザーズ」の場合は「タタタタター、ぽよん、ぽよ〜ん、タタタタター」とか「タタタタター、ぽよん、ポコッ」なんて敵を踏ん付けるところも入れたりして、ジャンプの軽快なテンポを表現できればいいと思います。
　また、ジャンプが本質である「スーパーマリオブラザーズ」ですから、そのジャンプに深みを持たせるアイデアになっていることにも注目してください。ジャンプボタンを押している時間でジャンプする高さが変わりますね。これによって同じジャンプでも、ジャンプボタンをチョンと押す時と、グーっと押す時があってテンポが生まれます。「ポヨン、ポヨン、ポヨーーーーーン」のように。
　つまるところ「スーパーマリオブラザーズ」は「ジャンプ」を楽しませるゲームなのです。だからどんどんジャンプさせるように敵を踏ん付けて倒すという仕様になっているのです。敵を踏ん付けたかったら敵の上から落ちてこないといけないわけですから、ジャンプしなくてはなりませんよね。また、空中のブロックを下から叩くと敵が倒せたり、隠しアイテムが出現したりしますが、これもジャンプさせるための仕掛けなのです。空中にホバリングしているパタパタを次々に踏ん付けてジャンプして、谷に落ちずにスピーディに進めた時、とても興奮しますよね。これもジャンプを「気持ちいい」にするための敵の配置という仕掛けなのです。
　このように「スーパーマリオブラザーズ」は随所に「ジャンプ」を誘う仕様が詰まっています。そしてこのゲームはジャンプすることが「気持ちいい」になるようにできているのです。
　おもしろいゲームは、そのゲームならではの「気持ちいい」とテンポを必ず持っているものです。そして、それはそのゲームの基本操作に紐づいていることが多いと思うのです。

1-2-6　ゲームの「気持ちいい」を分析する

　それではこの要領で他のゲームの「気持ちいい」を分析してみましょう。
　まず分析するゲームを選びましょう。手始めには自分が今一番ハマっているゲームを選んでもいいですし、各ジャンルで代表的な定番タイトルを選んでも結構です。
　選びましたか？　それでは右ページの一番上の欄にそのゲームタイトル名を書いてください。次にそのタイトルについて３つの質問に答えてもらいますが、その前に次の解説を読んでから作業に取り掛かってください。

① そのゲームならではの「気持ちいい」は何ですか？

　そのゲームを遊んでみて、気持ちいいと感じたことは何かを書き出してみましょう。たくさんあるかもしれませんね。そうしたらその中から、そのゲームならではの「気持ちいい」がないかを探してください。そのゲームを特徴付けるような「気持ちいい」がありませんか？　それを言葉にして書き出してください。

② その時どんな行為をしますか？

　これはおそらく上のそのゲームならではの「気持ちいい」と関連している行為なのではないかと思います。ゲーム全体を通して行なう行為の中で、そのゲームならではの「気持ちいい」を生み出す行為を見つけてください。それこそがそのゲームの核になるアイデアと言えるものだと考えられます。

③ その行為をするための操作はどんなテンポで行なわれますか？

②の行為をするための操作をどのようなテンポで行なうことで①の「気持ちいい」が生まれるのか、それを擬音でも言葉でも構いませんので表現してください。

アイデアにはそのアイデアに一番適したテンポというものがあるのです。同じアイデアでも違ったテンポで想像するとおもしろさの度合いが違ってきます。それは速い方が良くて、遅いと良くないというものではなく、あくまでもそのアイデアに適したテンポなのです。

スピーディなアクションが気持ちいいゲームもあるし、ゆったりのんびり遊ぶことで気持ちいいゲームもあると思います。それはそのアイデアにそのテンポが最も適しているからなのです。だからそのゲームの「気持ちいい」を生む操作がどんなテンポで行なわれているのかはとても重要なことなのです。

演習 2　**ゲームの「気持ちいい」の分析**

選んだゲームについて次の問いに答えてください。
【制限時間：10 分】

ゲーム名

① そのゲームならではの「気持ちいい」は何ですか？

② その時どんな行為をしますか？

③ その行為をするための操作はどんなテンポで行なわれますか？

書けたでしょうか？　その調子でできるだけいろいろなジャンルのいろいろなゲームを分析してみましょう。

先程選んだゲームの他にできるだけ違ったジャンルから後３タイトルのゲームを選んで、それについて同様の分析をしてください。

演習３　いろいろなジャンルのゲームの分析

できるだけ違ったジャンルから３タイトルのゲームを選んで、それについて①～③の問いに答えてください。

【制限時間：30 分】

ゲーム名

- □
- □
- □

①　そのゲームならではの「気持ちいい」は何ですか？

- □
- □
- □

②　その時どんな行為をしますか？

- □
- □
- □

③　その行為をするための 操作はどんなテンポで行なわれますか？

- □
- □
- □

できましたか？

このように、おもしろいゲームはその中心に「気持ちいい」が存在し、それはあるテンポである操作をした瞬間、ある行為を伴って発生しているのです。

これからは、いろいろなゲームを遊んでみて、どういうテンポでどんな操作が行なわれて、どんな行為をした時にどんな「気持ちいい」が生まれるのかを心で覚えていってください。それはきっとあなたがアイデアを考える際の武器になるでしょう。

今後ゲームを遊ぶ機会があったなら、まずはユーザーとして存分に楽しんでくださって結構ですので、その後にでもちょっと振り返って①②③の要素を分析してみてほしいのです。

1-2-7 「気持ちいい」を生み出すゲームの構成要素

さて、これらの「気持ちいい」が何から生まれているのか、またそれを中心にしてどんな要素がアイデアとして取り入れられているのか、ということを見ていきたいと思います。

というのも、ゲームのアイデアを考えていくにあたってはすでに世の中にあるこうしたゲームの構成要素をきちんと認識しておくことがとても役に立つからです。それについてはChapter 5の章で詳しく解説しますので少々お待ちいただいて、まずは既存のゲームの構成要素について考えてみましょう。

ゲームの構成要素というのは、そのゲームを成り立たせている仕様のことです。例えば「Aボタンでジャンプ」のような操作方法とその操作で起こることや、クリア条件のようなゲームの目的や、パワーアップなどのアイテム仕様や、敵との戦い方などです。

まずは手始めに「スーパーマリオブラザーズ」について考えてみましょう。

演習4　「スーパーマリオブラザーズ」の構成要素

「スーパーマリオブラザーズ」のアイデアを構成する基本的な要素は何でしょうか？
思いつく限り箇条書きで書き出してください。
【制限時間：10分】

□	□
□	□
□	□
□	□
□	□
□	□
□	□
□	□
□	□
□	□

できましたか？

- サイドビュー
- 十字ボタンで走る
- 走るとスクロールする
- A ボタンでジャンプ
- A ボタンを押している時間でジャンプの高さが変わる
- B ボタンダッシュ
- 地形を攻略する
- ゴールまで行くのが目的
- 敵を踏むと倒せる
- 空中にコインが配置されている
- ？ブロックを下からど突くとアイテム出現
- スターアイテムで一定時間無敵
- ひっくり返した亀を持って投げることができる
- アイテムでファイアボールを撃てるようになる

こんなところでしょうか。さて、この中で特に「スーパーマリオブラザーズ」の「独自性を形作っている要素」はどれでしょうか？

それは「A ボタンを押している時間でジャンプの高さが変わる」ことと「B ボタンダッシュ」「敵を踏むと倒せる」という仕様だと思います。これらが「スーパーマリオブラザーズ」の独自の「気持ちいい」を創り出していますし、独特のテンポを生み出しているのです。ちなみに今でこそ「敵を踏むと倒せる」仕様はアクションゲームによくある仕様ですが、「スーパーマリオブラザーズ」以前のアクションゲームは弾を撃つ攻撃が主流で、敵を踏んで倒すゲームはありませんでした。つまりみんな「マリオ」の真似なんですね。

また、いわゆる横スクロールアクションという「ジャンルの普遍的な要素」もあります。「サイドビュー」や「地形を攻略する」「ゴールまで行くのが目的」「十字ボタンで走る」「ジャンプ」のような要素です。これらは多くの横スクロールアクションゲームに見られます。

さらに「空中にコイン」や「？ブロック」や「スター」や「ファイアボール」のアイテム、亀を投げる仕様などは「スーパーマリオブラザーズ」のアイデアを豊かにするための「核を膨らませるアイデア」です。

スーパーマリオブラザーズの構成要素

ジャンルの要素

- サイドビュー
- 地形を攻略する
- ゴールまで行くのが目的
- 十字ボタンで走る
- 走るとスクロールする
- ジャンプ

独自性の要素

- 敵を踏むと倒せる
- ボタン長押しでジャンプが高くなる
- ダッシュ

膨らませるアイデア

- 空中にコインが配置されている
- ？ブロックを下からど突くとアイテム
- スターアイテムで一定時間無敵
- ひっくり返した亀を持って投げられる
- アイテムでファイアボール発射

こうして、既存のゲームの要素を、「そのゲームの独自性を形成する要素」と「そのジャンルの普遍的要素」、「核を膨らませるアイデア」で分けて整理します。

演習 5　**ゲームの構成要素**

別のゲームでも考えてみましょう。遊んだことのあるゲームを 5 つ選んで次の質問に答えてください。

① ゲーム名

② そのゲームを構成する要素を書き出してください。

□
□
□
□
□
□
□
□
□
□

③ 書き出した要素を次のように分類して、頭の□に書き込んでください。

A：そのジャンルの普遍的な要素
B：そのゲームの独自性を形作っている要素
C：核を膨らませるアイデア

どうですか？　今まで何度も遊んで、わかったつもりになっていたゲームでも、いざ要素について分析しようとすると悩んでしまったり、新たに気付くことなどがあったりしたのではないでしょうか？

今後も常日頃からゲームで遊んだ時に、そのゲームのアイデアを構成する要素を書き出してみるといいでしょう。

まとめ

Chapter 1　ゲームは「気持ちいい」から考える

- エンターテインメントの基本は「おもてなし」の精神
- アイデアを思い付いたら、それがどういう「遊び」になるのか、まで考えよう
- まず「気持ちいい」を見つけよう！
- どんなテンポで、どんな操作をした時、どんなことが起こったら気持ちいいのか？
- 既存のゲームの「気持ちいい」を分析してみよう
- 既存のゲームのアイデアの構成要素を分析し、「ジャンルの普遍的な要素」と「独自性を形作っている要素」「核を膨らませるアイデア」に分けてみよう

コラム

ゲーム開発会社を目指している方へ

あなたはもしかしたらご自身のアイデアに自信があって、その先のノウハウなんて会社に入ってから身に着けていけばいいと思われているかもしれませんね。

もちろんゲーム会社の入社試験や面接では、企画書の提出が求められると思うので、そのアイデアの質というのは大きな判断材料ではあります。しかし、それは書類選考の際であって、面接となるとそのアイデアのプレゼンの仕方、質問に対する答え方などを通じて「遊びを深く考えられる人かどうか」ということを見られているのです。

企画書の段階ではなかなかおもしろいアイデアだなと思って面接に来てもらっても、そのアイデアについてどういう遊びで何がおもしろいのかを質問すると、全然わかっていないなんていうことも珍しくないのです。そういう場合、不合格とされることが多いです。

ゲームのアイデアを思い付く能力はもちろん重要ではあるのですが、それ以上にそのアイデアを「遊び」としてしっかり考える能力が求められているのです。

「気持ちいい」を「遊び」にする

「気持ちいい」を見つけても、そのままでは「遊び」でも「ゲーム」でもありません。
それではそれを「遊び」にするにはどうすればいいのでしょうか？
まずは「操作しているだけで気持ちいい」にするのです。

2-1

「気持ちいい」を考える

既存のゲームの分析はこのぐらいにして、いよいよ自分でオリジナルのアイデアを考えていくことにしましょう。

まずアイデアの種を考える時は何から始めるんでしたっけ？

そうですね。

「気持ちいい」を見つける

ことでしたよね。核になるアイデアを考えるためにはまず「気持ちいい」になるアイデアの種を探すことから始めなくてはなりません。

2-1-1 「気持ちいい」を探す

それではさっそく演習から始めましょう。

演習 6　気持ちいいことを考える

「気持ちいい」ことをたくさん書き出してみてください。

それはゲームの中で起こることでも、実生活で起こることでも何でも構いません。

【制限時間：１分】

どれぐらい書けたでしょうか？

ゲームをプレイしているところを想像してゲーム内で起こったら気持ちいいだろうなと思えることをたくさん書いた人もいるでしょう。高くジャンプしたり、高いところから飛び降りたり、バンバン銃を撃ちまくったり、空を自由に飛び回ったり、物をガンガン破壊したり。どんなことでも「気持ちいい」ことはアイデアの種になり得ます。

リアル世界で起こることで気持ちいいことを思い出した人もいるでしょう。寝るのが気持ちいいとか、部屋を片づけたり掃除したりして綺麗にすると気持ちいいとか、輸送時の緩衝材の通称プチプチを潰すとか、これまた通称コロコロで床の埃や塵を綺麗にするとか。こういう「気持ちいい」も十分アイデアの種になり得ます。ただしこちらの場合はそのままでは「遊び」にならないので、何とかゲームの中で起こることに変換する必要があります。

2-1-2 ゲームの中の「気持ちいい」

では、ゲームの中でどんなことが起こると「気持ちいい」のかを考えていきましょう。

① 行為が気持ちいい

おもしろいゲームは、そのゲーム内で行なわれる行為自体が気持ちいいものです。

・食べる

「パックマン」は画面内のドットを次々に食べていくのが気持ちいいですし、途中にあるパワークッキーを食べることで敵のゴーストがイジケ状態になって、その間だけゴーストを食べることができるのですが、それがさらに気持ちいいのです。

・弾を撃つ

いわゆるシューティングゲームでは弾を撃つこと自体が気持ちいいです。1秒間に何発の弾が撃てるかと、その弾のスピードによっても「気持ちいい」感覚は違ってきますよね？

・銃を撃つ

ファースト・パーソン・シューティング（FPS）ゲームのような実際の銃を撃つゲームも、まずは基本的に銃を撃つこと自体が気持ちいいですよね？

・剣で斬る

「無双シリーズ」では、大群を剣で薙ぎ払うのが何よりも気持ちいいですね。

・噛みつく

「ゴッドイーター」の噛みつきはそのガブッと行く勢いと迫力が気持ちいいです。

・ジャンプ

「スーパーマリオブラザーズ」のジャンプは思い通りに敵や地形を攻略しながら駆け抜けられるととても気持ちいいものです。

・吸い込む

「星のカービィ」は攻撃ボタンを押すとキュワ――といって敵を吸って呑み込んでしまうのが気持ちいいのです。

・片付ける

「テトリス」というゲームは落ち物パズルの発祥ですが、横に１列揃えると消すことができます。わたしはこのゲームはお片付けのゲームだと思うのです。隙間なくキッチリ詰めて消して片付けて綺麗にするという「気持ちいい」を体感させてくれる遊びなのです。そういう意味では先程例に挙げた「部屋を片づけたり掃除したりして綺麗にする」気持ちいいをゲームに落とし込んだと言ってもいいかもしれませんね。

・くっつける

「塊魂」というゲームはフィールドにある様々なモノを巻き込んで玉にして転がして塊を大きくしていくゲームです。このいろいろなモノがくっついて塊になっていくのが気持ちいいのです。

・塗る

「スプラトゥーン」は銃からインクを発射して、街を塗りたくるゲームです。とにかくフィールドをインクで自分の色に塗りまくるのが気持ちいいのです。

・落ちる

「グラビティ・デイズ」は重力の方向を三次元で変化させ、そこに向かって「落ちる」という行為によって空間を自由に飛び回ることを可能にしたゲームです。空を飛ぶというのではなく、落ちるという行為に変換したところがオリジナリティであり、そこが気持ちいいのです。

② 操作が気持ちいい

おもしろいゲームは、その操作自体（操作感）が気持ちいいものです。

・叩く

「もぐらたたき」は穴から顔を出すモグラをピコピコハンマーで叩くという操作が遊びになっていて気持ちいいですね。「太鼓の達人」もバチで太鼓を叩く操作自体が気持ちいいです。

・なぞる、こする

「LINE: ディズニーツムツム」は同じ色のツムを繋げるために指でスマホの画面をなぞり、

繋がっていくのが気持ちいいです。また「おさわり探偵　なめこ栽培キット」のなめこを指でこすって収穫するのも気持ちいいです。

・ハンドル

ゲーセンにあるドライブゲームはアクセルワークと共にハンドルを切って車を自由に操るのが気持ちいいです。

・ボタン連打

とにかくボタンを連打するのがいいゲームもあります。ひたすら素早くボタンを叩き続けるのが気持ちいいです。

・弾く

「モンスターストライク」は引っ張って弾くという操作が気持ちいいです。

・踏む

「ダンスダンスレボリューション」は床の光っているスイッチを踏むことで、ダンスステップを踏んでいるようになり、踊る「気持ちいい」を体感できます。

・漕ぐ

「プロップサイクル」というゲームは自転車のペダルが付いていて、それを漕ぐことで人力飛行機を操縦する浮遊感を体感することが気持ちいいです。

・廻す

「テーカン　ワールドカップ」というサッカーゲームはトラックボールで選手を操り、ゴール前でボタンを押しながら思い切り「シュートォォォォ！」とトラックボールを押し出して廻し、シュートを打つのが気持ちいいです。

さて、ゲームの「操作感」は何から生まれるのでしょうか？

ひとつは**「視覚（ビジュアル）」**です。

画面ではどんなものがどんなスピードで動いて、どんなことが起こって、どんな効果（エフェクト）が表示されるのか、そしてそれはどんなテンポで起こるのかという、視覚から入ってくる情報です。

もうひとつは**「聴覚（サウンド）」**です。

その瞬間どんなテンポで、どんなタイミングでどんな効果音が鳴るのかという、聴覚から入ってくる情報です。同じことが起こっても「バシュッ！！」っていう音がするのと「ぽよ〜〜〜ん」って音がするのでは、感じ方が違うでしょう？

最後のひとつは**「触覚（手触り感）」**です。

そのビジュアルとサウンドを発動させた操作をした時の手触りはどんなものなのか、そしてその操作はどんなテンポなのかです。
ゲームを操作する時は必ず何らかの操作部が存在します。アーケードゲームの場合なら、そのゲームに合わせて筐体が造られているので特殊な操作部になっていることも多いですよね。ハンドルとか操縦桿とかマシンガンとか。その時の手で触った感じや動かす時の重みや反動というのは「気持ちいい」にとても影響が大きいのです。ですからその材質や駆動部の滑らかさなどにはとても神経を使います。
また、家庭用ゲーム機の場合なら、例えばPlayStation 4などでは○×△□のボタンとL1の押し心地は違うし、L2のアナログで押し加減が変えられる感触も違うし、アナログスティックをグリグリする感触や、それをカチッっと押し込むL3ボタンの感触も、OPTIONボタンのゴムの感触もすべて違いますよね。しかもそれをどの指で押すかでも感触は違ってきます。それらに操作を振り分ける時は、指の位置やボタンの材質、押した時の感触を重視して、とことん考えて抜いてほしいのです。なぜならそれが「気持ちいい」に大きく関係するからです。どうなっているのが一番気持ちいいかを追求してください。
スマホのアプリはスマホの画面をタップしたり、スワイプしたり、フリックしたりする時の感触と画面内での画像やエフェクトの反応との関係で「気持ちいい」が変わってくるので、こちらも調整でとことん追求してほしいところです。
この3つを総合して生まれるのが**「操作感」**です。

③ 感情が気持ちいい
これらの操作や行為によって引き起こされる「気持ちいい」という感情にもいろいろあります。

・ハラハラドキドキ
危険と隣り合わせでハラハラドキドキする感情はスリルを生み、「気持ちいい」になります。多くのゲームはこの感情を生む遊びですよね。

・ビックリ
驚くような体験をすると人は快感を覚えます。プレイしているとビックリするようなことが起こって驚いたら、それも「気持ちいい」なのです。

・怖い
怖い体験も人に快感を与えます。お化け屋敷やホラー映画を観に行ったり、ジェットコースターに乗ったりするのは安全に怖い体験をすることが「気持ちいい」からです。
「バイオハザード」はヒリヒリする怖さを楽しむゲームですよね。

・笑っちゃう
お笑い番組を見て爆笑すると「気持ちいい」ですよね。

・ほっこり、しんみり

こういう気持ちになる時も人は「気持ちいい」と感じるものです。

・スカッとする、スッキリする

思い切りストレス発散してスカッとしたり、スッキリしたりできたら「気持ちいい」のです。これも多くのゲームに見られる感情です。

このようにゲームから受ける感情にはいろいろなものがありますが、どれもここで言う「気持ちいい」だと考えてもらって構いません。

2-1-3 「気持ちいい」が繰り返し起これば「遊び」になる

「気持ちいい」はとにかくプレイヤーの心が大きく動く瞬間のことなのです。そしてこの「行為」と「操作」と「感情」は関連しているのです。つまり、

「気持ちいい」とは何らかの「操作」をした時、何らかの「行為」が画面の中で行なわれた結果、何らかの「感情」が生まれた瞬間

なのです。もし「操作」をして「行為」が行なわれても、何も「感情」が生まれなければそれは単なる「作業」にすぎず、「気持ちいい」にはなりません。

そしてこの「気持ちいい」が繰り返し起こることによって「テンポ」が生まれます。そうなって初めてその「気持ちいい」は「遊び」になるのです。

気持ちいい … 心が大きく動く瞬間

行為 × 操作 × テンポ ＝ 感情

これが繰り返し起こると「遊び」

この「遊び」になった「気持ちいい」にも様々なテンポが考えられます。ですから、その中から「気持ちいい」が最大化する「テンポ」を見つける必要があるのです。それがそのアイデアに最も適した「テンポ」なのです。

この「テンポ」は、ゲームによって様々です。瞬時の場合もありますし、１０秒以上かかる場合もあります。

一番わかりやすいのはアクションゲームでしょう。「スーパーマリオブラザーズ」では、ジャンプボタンを押した瞬間、ぽよ～んとマリオがジャンプします。「三國無双」ではボタ

ンを押した瞬間に剣を振り、敵を薙ぎ払います。格闘ゲームではボタンを押した瞬間にパンチやキックを繰り出します。ファーストパーソンシューティングゲームではトリガーを引いた瞬間にマシンガンをダダダダダダッと連射します。このように操作したら瞬時に反応して感情が生まれるテンポです。

しかし、ゲームによっては違ったテンポで「気持ちいい」が生まれる場合もあります。例えばテキストアドベンチャーゲーム(ADV)やロールプレイングゲーム(RPG)やシミュレーションゲーム(SLG)などです。これらのゲームではアクションゲームのようにリアルタイムに結果が表示されたりしません。しかし、ADVやRPGやSLGのようなゲームも、その根底にはアクションがあると思うのです。ゲームの基本はアクションです。ただ、それらはテンポが違うだけなのです。

ADVでは何かのキーになる選択肢を選んだ瞬間、物語が進展します。その時、絶妙のタイミングでセリフが表示され、進展した快感が得られた時「気持ちいい」と感じるのです。

RPGやSLGでは、戦闘ターンで攻撃コマンドを入力し終えて、決定した瞬間、アクションが再生され始め、攻撃結果がビジュアル的に表現されます。そこで思惑通りに敵にダメージを与えられて喜んだり、かわされて反撃を受けて悔しがったりして心が動き、「気持ちいい」と感じるのです。

このようにADVでもRPGでもSLGでも、実はプレイヤーの頭の中ではアクションとして展開しているのです。つまりアクションを独自のシステムで分解して行なっているわけです。これは操作した瞬間に「気持ちいい」が発生するアクションゲームとは違うテンポでアクションを行なっているといえます。

アイデアには最も適したテンポがあります。そのテンポで進行した時、最も「気持ちいい」になるのです。そういう観点から、どんなテンポで何によって「気持ちいい」が生まれているのかをいろいろなゲームで分析してみてください。

2-1-4 プチプチ遊びを考える

それでは練習で遊びについて考えてみましょう。

小包に使う緩衝材、ありますよね。通称プチプチです。これを指でプチプチとつぶすのは誰でも一度はやったことがあるのではないでしょうか。あれ、気持ちいいですよね。つい何度も何度もやり続けてしまいます。操作しているだけで「気持ちいい」が繰り返されるので、これ自体が「遊び」と言えます。

それではここからアイデアを考えてみましょう。

まずは「気持ちいい」をゲームのアイデアにするには「ゲームの操作感」に落とし込む必要がありました。実際に指でつぶす感触を直観的に体感してもらいたいですよね。ではとりあえずスマホのアプリとして考えてみましょう。

スマホの画面にプチプチを表示してみましょう。

こんな感じになりますね。

実際に指で押すとプチプチが押されるアニメーションがあって、そのまま押し込むとプチッと音がして弾けるアニメーションが出て、ひとつつぶれるのです。その際、わずかに振動を伴っているとよりプチッとつぶした快感が増すかもしれません。

とにかくこの操作を延々とやっているだけでも「気持ちいい」になっていないとダメなのです。このウリになる「気持ちいい」操作をしているだけでも十分楽しいという感じになっているかどうかが「遊び」か否かの判断基準です。

さて、プチプチをつぶすと気持ちいいのはなぜでしょうか。その「気持ちいい」の本質は何なのかを考えてみましょう。

指でグイッと押すと、プチッと弾けて音がする、その感触と音が相まって快感に繋がっているのだと考えられます。

だとしたら、プチプチではなくても、他にも押してつぶれて弾けて気持ちいいものがあるのではないですか？　プチプチの「気持ちいい」から発想を広げて、同じような「気持ちいい」を考えてみましょう。

演習７　プチプチ遊びを発展させる

プチプチをテーマにしたスマホアプリについて次の問いに答えてください。
【制限時間：１０分】

① つぶすものを何か別のものに置き換えてください。

ゲームですから指でつぶせる大きさのものである必要はありませんよね。何か巨大なものだったり、また普段ではつぶせないようなものだったりしても構わないのです。常識に囚われないで自由に考えてみましょう。

② それがどんな風につぶれたら最も「気持ちいい」になるかを動画で考えてください。
言葉で表現しにくかったら擬音や効果音でもいいし、絵で描いてもらっても構いません。
最低でも１０個は考えてみましょう。

できましたか？

たくさん考えつきましたか？

楽しいもの、おもしろいもの、変なの！　と思うもの、くだらねぇ～と思うもの、すごいと思えるものなど、とにかく頭に浮かんだことはすべて書き出してくださいね。

以前行なった講演で出たアイデアをご紹介します。

◎空き缶、ペットボトル

クシャっとつぶすと気持ちいいですよね。

◎ゴキブリ、虫

これ、書いた人結構いるんじゃないでしょうか。わたしは文字で書くのも嫌なくらいなのですが、足や新聞紙でつぶすと気持ちいい人もいるのですかね。わたしは嫌ですが…。

◎ガラスや氷

ぐ～っと指で押していくと、キリキリキリとしばらく耐えているけれど、ついにパキッて割れる瞬間がちょっと緊張感もあってコワ気持ちいいかもしれません。

◎風船

風船をパンッパンッと割ったら気持ちいいですね。押す場所が風船の真ん中だと割れるけれど、端だとプルンと逃げてしまうなんてアイデアも出ていました。

◎野菜

スイカが一発で割れると気持ちいいとか、じゃがいもをつぶすといくつかの塊になり、さらにつぶすと滑らかになるということで、マッシュポテト作りを連想した人もいました。

◎フルーツ

りんご、オレンジ、ぶどうなどをブシャとつぶすと果汁が飛び散って気持ちいいという発想から、その汁が下のコップに溜まるなんていう動画が浮かんだら、もう何かのゲームになっちゃいそうですね。

◎樽の穴にコルクを詰める

キュポッと詰めるのが気持ちいいというアイデアです。これは「つぶす」ではないですが、つぶす気持ちよさと似た行為をイメージしたわけですね。このように連想から同じ気持ちよさを持った別のものにイメージを広げていくのも有効です。

◎その他

ナッツ、くるみ、ブーブークッション、せんべい、建物、麺生地、胞子、ゾンビの頭、目、ビンゴカード、泡、いくら、卵、ニキビ、惑星、人間、暇、ケーキ、木の実、障子、霜柱、レンガ、豆腐、爆弾、箱、枝豆、エイリアンの卵、スライム（どんどん増える）、リモコンのボタン、くぎ、隕石、バネ

◎ちょっと違うもの

犯罪者、ブラック企業、国、先生、会社

中にはこんな解答もありました。しかし、これはちょっと違いますね。単につぶすという言葉から連想した言葉であり、つぶす瞬間の具体的な動画が頭に浮かびません。動画でテンポをイメージしづらいものはゲームのアイデアとしては気持ちいいになりにくいのです。

どうですか？　あぁ、それならこういうのもいいんじゃないかと思い付いたものがあったら今からでもどんどん書き足しちゃいましょう。このように、プチプチをつぶす「気持ちいい」から、同じような「気持ちいい」になる別のものに置き換えていくことで、発想の輪を広げることができるのです。

そしてここでしっかり考えてもらいたいのは、ゲーム上でそれをつぶす時の指の感触とつぶれる時の映像や音についてです。どんなタイミングでどんな映像がどんな音と共に出ると一番気持ちいいかを考えるんです。

それは「視覚」「聴覚」「触覚」からなる「操作感」でした。

そしてそれを、何度も何度もやる度に「気持ちいい」という感情が湧くまで想像してください。とにかくこの「操作」をしているだけで「気持ちいい」になっていればそれは「遊び」と言えるのです。

「気持ちいい」の見つけ方

アイデアの種となる「気持ちいい」を見つけるためには、どうやって考えたらいいでしょうか？

ひとつの方法として、先程の「行為」と「操作」と「感情」を足掛かりにして考えるのもいいでしょう。その際「テンポ」も忘れずに。

ここに各項目の例をまとめてみました。他にも思い付いたものがあったら空欄に付け足してみてください。

表 2　「行為」「操作」「感情」一覧

『気持ちいい』:「行為」×「操作」×「テンポ」＝「感情」

行為

あおる	開ける	あげる	集める	あてる	操る	洗う	合わせる	入れ替える	入れる	浮く	撃つ
うつす	奪う	埋める	えぐる	選ぶ	演奏する	追いかける	追い詰める	置く	押付ける	押す	落とす
踊る	覚える	泳ぐ	折る	解体する	描く	隠れる	囲む	重ねる	稼ぐ	片付ける	固める
被る	噛みつく	きる	着せる	くくる	くぐる	崩す	砕く	くっつける	組立てる	消す	削る
蹴る	こする	こねる	転がす	こわす	再生する	探す	咲かせる	叫ぶ	さす	さばく	さわる
沈める	絞める	閉める	しゃがむ	ジャンプ	調べる	吸い込む	捨てる	すべらす	すべる	ずらす	座る
背負う	狭める	操縦する	育てる	空を飛ぶ	揃える	出す	叩きつける	たたく	ダッシュ	建てる	食べる
垂らす	散らかす	捕まえる	つかむ	つくる	つける	つつく	続ける	包む	つなぐ	繋げる	つぶす
積上げる	釣る	照らす	溶かす	整える	とぶ	止める	取り出す	撮る	なおす	流す	仲間にする
眺める	殴る	投げる	なでる	なめる	ならす	並び替える	並べる	握る	抜く	脱ぐ	盗む
濡らす	塗る	寝る	のぞく	乗っ取る	のばす	のぼる	飲む	はがす	計る	吐き出す	爆破する
運ぶ	はさむ	弾く	はじける	走る	はずす	はずむ	はなす	放つ	跳ね返す	はねる	はめる
ばらす	バランスを取る	引き抜く	引掛ける	ひっくり返す	引っ張る	広げる	吹き飛ばす	ふく	膨らませる	膨らむ	伏せる
ぶつける	踏む	増やす	振り回す	分解する	分類する	分裂させる	減らす	ほどく	掘る	混ぜる	真似る
守る	丸める	まわす	磨く	見つける	見る	結ぶ	めくる	潜る	戻す	燃やす	破る
弓を射る	揺らす	よける	汚す	リズム取る	料理する	連鎖させる	ワープ	罠にかける	割る		

操作

アナログスティック		押す	同時押し	長押し	押し込む	スワイプ	タップ	フリック	ピッチ	スクロール	スライド
アナログボタン		引く	引っ張る	放す	連打	握る	こする	ドラッグ	クリック	なぞる	振る
描く	声	手を叩く	叩く	つかむ	つまむ	投げる	ねじる	ひねる	踏む	廻す	首を振る
差し込む	転がす	ゆらす	傾ける	引金を引く	ハンドル	弾く	コマンド入力	レバガチャ			

感情

ハラハラ	ドキドキ	ビックリ	怖い	笑える	ほっこり	しんみり	スッキリ	ヒリヒリ	スカッと	ヒヤッと	ワクワク
ウキウキ	イライラ	萌え〜	モヤモヤ	ホッとする	カワイイ	キモイ	怒る	ゾクゾク	まったり	あせる	ソワソワ
キュン×2	キタ〜〜	ウハウハ	ザワザワ	俺強ぇ〜	ムラムラ	気持悪い	ほんわか	切ない	愛しい	哀しい	カッコイイ

2-2-1　アイデアとは「新しい組み合わせ」である

まずひとつ知っておいてほしい言葉があります。それは

アイデアとは既存の要素の新しい組み合わせ

という、アメリカの実業家ジェームズ・W・ヤング氏が著書『アイデアのつくり方』で述べている言葉です。

アイデアとは、既存の要素、つまりこの世の中にすでにある要素だけれども、新しい組み合わせ、つまりそれが2つ3つ今までに組み合わさったことのないものが組み合わさると別の意味が生まれる、それがアイデアだというのです。

アイデアを考えるというのは、どこか天才のなせる業という印象があるかもしれません。それはまさに無からアイデアを生むという、発明のイメージだからです。確かに発明は天才にしかできないかもしれません。しかしここでは、既存の要素を今までにない組み合わせ方をすると新しいアイデアになるというのです。これは発明ではなくて、発見です。発明は難しいかもしれないけれど、発見ならできそうじゃないですか？

ですから「行為」と「操作」と「テンポ」と「感情」の新しい組み合わせを発見すればいいのです。

2-2-2 「行為」から考える

まずは「行為」からひとつ選んで想像してみるのがいいと思います。「行為」すなわち動詞から考えるということです。

初めは「行為」から連想されるものを次々に動画でイメージします。そしてそれぞれに対して、続いてどんなことが起こったら「気持ちいい」かを、これも次々に動画でイメージします。これを何度も繰り返しているうちに、とても「気持ちいい」と思える組み合わせが見つかったら、どんな操作方法をどんなテンポで行なってそれが起こったらどんな感情が生まれて「気持ちいい」になるかを考えるのです。

アイデアを考える時のコツは、「動画」で「短時間」に次から次へといろいろな角度、いろいろな状況、いろいろな場面、いろいろなテンポを思い浮かべることです。

例えば「膨らます」という「行為」を選んで考えてみましょう。短時間にいろいろな場面を次々に頭の中で「動画」として思い浮かべるのです。

すると次のような「映像」が次々に浮かびました。

その中で「最後に破裂する」のがとても気持ちいいと感じたとしたら、次にそれをどんな操作でできたらより気持ちいいかを考えます。

空気入れのピストンを指で上下にスライドさせる、Aボタンを連打、そのもの自体を連続でタップ、などいろいろな「操作」をしている自分の姿を「動画」で想像するのです。その結果、「もの自体を連続でタップする」のが一番直観的で気持ちいいと感じました。

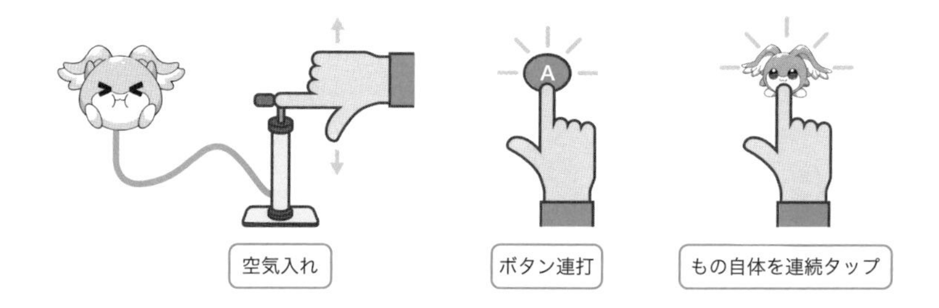

そうしたらその時どんな「感情」が生まれるかを考えます。例えば次から次へとバンバン破裂させていったらどうでしょう。「スッキリ」ですかね。「スカッと」でしょうか？

では「ハラハラ」という「感情」にするにはどうすればいいでしょうか。膨らましていって、破裂する寸前で止める、とか2人対戦にして交互に好きなだけタップして、破裂した人が負けというルールを作ったらハラハラしませんか？

この時、どういう「テンポ」が適しているのかを考えてみましょう。「スッキリ」「スカッと」の場合は、とにかくダダダダダッと高速連打するテンポ、「ハラハラ」の場合は、ダダダッと連打して止める、そして相手の番。相手がダダッとタップして自分の番。慎重に1回ずつダ、ダ、ダッと3回タップした瞬間パァーンと破裂して「あちゃ〜」というテンポです。こうしてアイデアによってテンポがまったく違ってしまうのです。

このように、まず「行為」をひとつ決めて短い時間で次々にいろいろな状況を動画で想像し、その中から一番気持ちいいものを選んで、それがどんな「操作」だったら最も気持ちいいかを考え、その操作をどんな「テンポ」で行なってそれが起こったら、どんな「感情」が生まれるかを考えるのです。これをひたすら短い時間で繰り返すことで、アイデアの精度は上がっていきます。

念のため言っておきますが、

この時点では遊びやゲームになっていなくても構いません！

とにかくここでは「気持ちいい」という「感情」が生まれていさえすればいいのです。

2-2-3 「操作」から考える

それでは今度は「操作」から考え始めてみましょう。

フリックという、「気持ちいい」のある操作でできる遊びを考えてみることにしましょう。

この「操作」をした時に起こる「行為」を表から次々に選んで想像してみてください。

「開ける」だったら、シュッと画面を弾いたら宝箱がパカッと開く動画が浮かびました。次に「入れ替える」だったら、隣り合った2つの玉がシュンと入れ替わります。さらに「斬る」だったら画面上の竹がスカッと斬れて落ちる動画が浮かびます。こうして次々にいろいろな動画を頭の中に思い浮かべて、その時の「気持ちいい」を検証するのです。

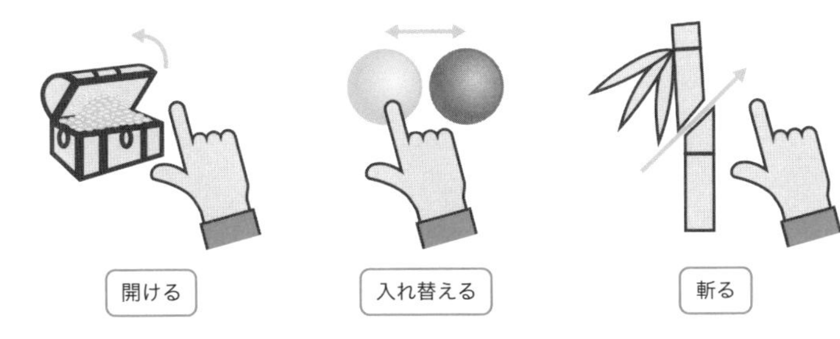

そうしているうちに例えば「分類する」という「行為」と組み合わせた時、次のような動画が思い浮かびました。

画面の４辺の枠にそれぞれ４種類のフルーツの絵が表示されています。上がリンゴ、右がブドウ、下がメロン、左がオレンジです。パッとフルーツが画面に現れたら瞬時に指で各フルーツを同じ絵のある辺の方向に向かって弾いて分類します。シュッとフリックすると素早くその方向に飛んで行って正解のチャイムが鳴ります。

ここで「テンポ」を考えます。なるべく早くシュッシュッシュッと飛ばしてチャリチャリチャリリーン♪と音がしたら一番気持ちいいのではないでしょうか。

そしてその結果、画面は綺麗に片付いて「スッキリ」という「感情」（気持ちいい）が生まれるのです。

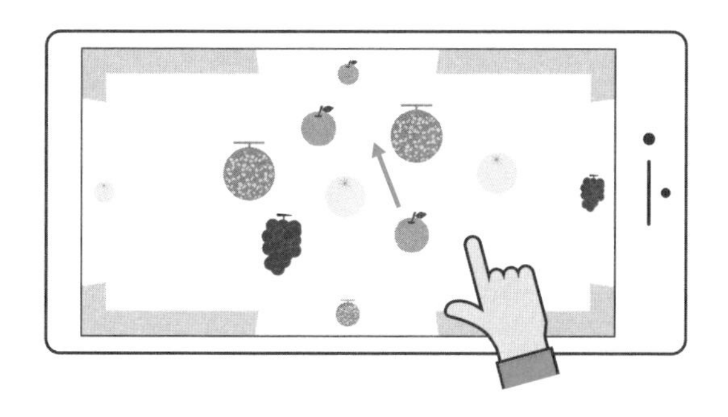

2-2-4 「感情」を変えてみる

もうひとつ例を挙げましょう。「行為」と「操作」を「転がす」と「スワイプ」としたらどんな状況が思い浮かぶでしょうか？

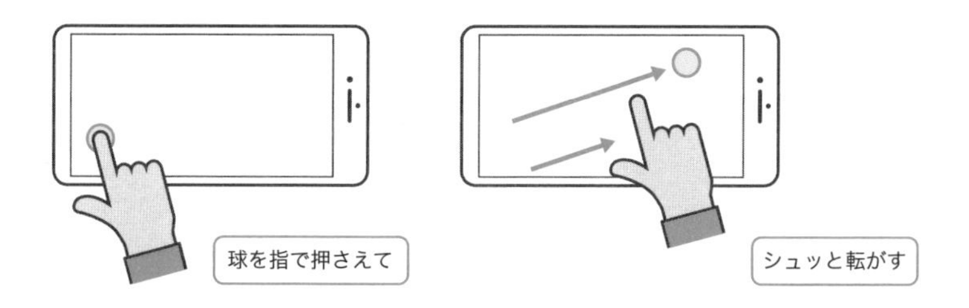

球を指で弾くと弾いた強さと方向に沿って球がコロコロと転がります。シュッと指を素早く動かして球を勢いよく転がすテンポです。

それではこれに「感情」を足して「ドキドキ」する状況にしようと思います。このままでは「ドキドキ」しませんね。では、どんな状況だったら「ドキドキ」するでしょうか？

このような細いコースで球を転がして穴に入れるという状況にしたらどうでしょう？

崖から落ちたら失格です。穴に入らなくても失敗です。オーバーしてしまったらやはり崖から落ちて失格です。ドキドキしませんか？

この場合、さっきとは違って、よく狙いすまして加減しながらそーっと転がすテンポで遊ぶようになりますよね。こうして組み合わせから想像した状況に適したテンポを同時に動画で考えるのです。

どういう方法で考えても構いませんので、とにかく自分が操作している動画を想像した時に「気持ちいい」と思えることを見つけてください。そしてそれが繰り返し行なわれても「気持ちいい」が持続すれば「遊び」と言えます。これがアイデアの種になるのです。

それでは次にこの「遊び」を「ゲーム」にしていきたいと思います。

まとめ

Chapter 2 「気持ちいい」を「遊び」にする

- まず「気持ちいい」を見つけよう
- 「気持ちいい」とはあるテンポで何らかの「操作」をした時、何らかの「行為」が画面の中で行なわれた結果、何らかの「感情」が生まれた瞬間。つまり「プレイヤーの心が大きく動く瞬間」
- 「気持ちいい」が繰り返し起こると「遊び」になる
- 「視覚」「聴覚」「触覚」からなる「操作感」をイメージする
- 「行為」×「操作」×「テンポ」＝「感情」のそれぞれ、またはその組み合わせで考える

人の話を聞く時は必ずメモと筆記用具の準備を

コラム

あなたがもし学生なら、授業中に先生の話を聞く時、ノートやノートパソコンを使って、メモを取っていますか？　もしメモを取っていないなら、今日からぜひメモを取る習慣をつけることをお勧めします。人の話を聴く時は必ずノートやメモと筆記用具を持って行きましょう。そして話された内容の要点や、特に気になったことや、なるほどなと思えたためになることをメモしながら聞く習慣を付けましょう。

これは会社に就職してからはさらに重要なことになります。

例えばあなたが上司で、仕事を依頼するために部下を席まで呼んだとします。その時、メモとペンを持って話の要点をメモする準備をしてくる社員と、手ぶらでやって来る社員がいたら、あなたはどちらの社員をより信頼しますか？　自分の話をちゃんと聞き取ってくれているという感じがする前者の社員じゃないですか？

これが繰り返されていくうちに、いつの間にか前者の社員にばかり重要な仕事が任されるようになり、後者の社員には誰でもできるような仕事しか任されなくなっていくのです。5年後にはさらに大きな差になっていることでしょう。あなたが別に出世を望んでいるわけではないとしても、自分のやりたい仕事をやりたいようにやらせてもらえるかどうかは、こういうところで決まってしまうこともあるので気を付けましょう。

だから必ずいつもどこへでもメモとペンを持って行きましょう。これは誰も教えてくれないかもしれませんが、社会人の常識です。あなたが学生さんなら、今のうちから習慣にしておきましょう。それだけで他の新入社員より一歩リードすることができますから。

「気持ちいい」を「ゲーム」にする

• • •

「気持ちいい」が「遊び」になっても、それだけではまだ「ゲーム」ではありません。
ではどうなったいたら「ゲーム」になるのでしょうか？
ゲームになる要件を考え、「核になるアイデア」を確立しましょう。

「気持ちいい」を「ゲーム」にするには

あなたは今、アイデアの種として「気持ちいい」ことを見つけ、それをゲームの操作感に落とし込みました。その操作をしているだけでも「気持ちいい」と思えるものになっていればアイデアの種の「遊び」としては合格です。ただしそれだけでは「ゲーム」とは言えません。

それではそれを「ゲーム」にするにはどうすればいいのでしょう？

3-1-1 「ゲーム」になる要件

まずは次の演習をやってみてください。

演習８　ギリギリでぴったり止めると気持ちいい

ギリギリでぴったり止めることができると気持ちいいですよね。例えばストップウォッチを見ないで10秒カウントしてストップさせて、ちょうど10秒だったとか、岸壁に向かって車を疾走させて、落ちるギリギリでぴったり止めることができた人の勝ちというチキンレースとか、オリンピック種目のカーリングとかがまさにこの「気持ちいい」です。

このような「ギリギリでぴったり止めると気持ちいい」から思い付く「遊び」をできるだけたくさん考えて下さい。

【制限時間：10分】

どうでしょうか？　いくつ思い付きましたか？
以前行なった講演で出たアイデアをいくつかご紹介しておきましょう。

◎ドリフトで縦列駐車する

これは以前テレビCMでやっていたのが発想の元でしょう。路肩にずらっと車が駐車していて、1台分だけ空いているスペースに超絶のドライブテクニックでドリフトしながらピタッと停車させるのです。これはうまく決まれば気持ちいいですよね。

◎真剣白羽取り

振り下ろす刀を、両手を合わせて挟んで止める技です。一歩間違えれば頭を斬られてしまうので緊張しますが、これも決まれば気持ちいいですよね。

◎たらい落とし

テレビのバラエティ番組でよく見かけるたらいが頭上から落ちてくるというシチュエーションで、ギリギリでぴったり止めるというものです。どこまでギリギリを攻められるかがスリルを生んで気持ちいいですね。

さて、「ギリギリでぴったり止めると気持ちいい」から考えてもらったこれらのアイデアは、どれもとりあえず「ゲーム」になっているようですよね。
しかし、「気持ちいい」を見つけたとしてもそのままでは「ゲーム」になっていないものもあります。

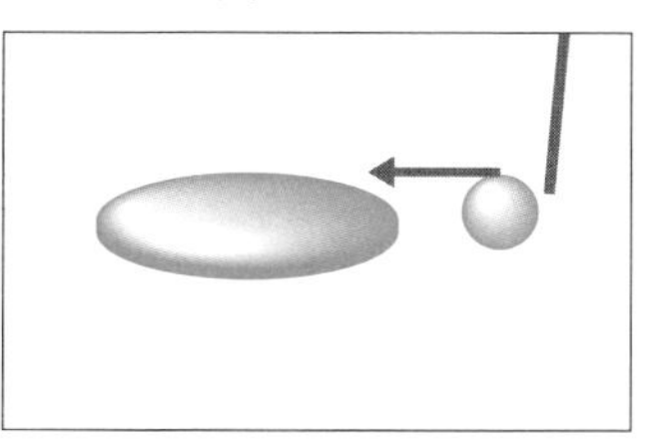

例えば水銀を机の上にこぼすと左のように丸くなりますが、これを棒で近づけていくとプルンとくっつくのが「気持ちいい」と思うのです。このように「操作」しているだけで何度もやってしまうほど気持ちいいなら、それは既に「遊び」だと言えます。しかし、これはこのままでは「ゲーム」ではありませんよね。

一体「ゲーム」になるかならないかでは何が違っているのでしょうか。
そこで次に「ゲーム」になるとはどういうことなのかについて考えていきましょう。

3-1-2 「ゲーム」に必要な「目的」と「課題」

まずゲームはプレイヤーのプレイ（操作）によって「気持ちいい」ことが起きるのです。おもしろいゲームの中心には必ず「気持ちいい」がありましたよね。ですからこの「気持ちいい」が起こる操作はゲーム中で頻繁に行なわれるのです。そしてそれはそのゲームを特徴付ける「気持ちいい」なのです。Chapter2 で、どんな「操作」だったら自分が見つけた「気持ちいい」になるかを考えてもらったのはこのためです。

次にゲームには「目的」があります。これをわかりやすい言葉で言うならば、

目的 ＝ 最終的にこうなれば成功！

ということです。クリア条件と言ってもいいですね。

プレイヤーが「気持ちいい」操作をしてその「気持ちいい」ことが起きれば起きるほど、次第にそのゲームの「目的」に近づいていくのです。

「スーパーマリオブラザーズ」の「目的」は何でしょう。そうですね、そのステージのゴールまで行って旗につかまることですよね。「気持ちいい」ジャンプ操作をすればするほど、目的のゴールに近づいて行くわけです。

そしてゲームには、この目的にたどり着くまでの過程でプレイヤーが取り組むべき「課題」があります。これはわかりやすい言葉で言うならば

課題 ＝ これがうまくできるかな？

ということです。

プレイヤーに対し何か課題を設定して「うまくできるかな？」と問いかけるのです。

例えば「スーパーマリオブラザーズ」では、敵のクリボーがトコトコと歩いて来ます。それに対してうまくジャンプしてクリボーを上から踏みつけてやっつけるのです。または、進んで行くと地面が途切れていて、そのまま走って行ったのでは谷に落ちてミスになってしまいます。だから崖の端でうまくジャンプして谷を飛び越えて行かなくてはなりません。これらはプレイヤーに対する制作者からの「これがうまくできるかな？」との問いかけであって、課題なのです。プレイヤーはこの課題を次々とクリアしていくことになります。

そしてこの課題は「気持ちいい」ことをうまくすればするほどうまくできるようなものになっています。「スーパーマリオブラザーズ」の「気持ちいい」ことは何かと言えば「ジャンプ」です。ですからこのジャンプをうまくすればするほど「課題」がうまく攻略できるようになっているはずです。

こうしてプレイヤーが「気持ちいい」ことをうまくすればするほど「課題」がうまく攻略できるようになり、それをクリアしていくことでそのゲームの「目的」に近づいていくのです。

「スーパーマリオブラザーズ」は「気持ちいい」ジャンプをうまくすればするほど「課題」が

クリアされて、「目的」のゴールに近づいて行くわけです。

そしてこのゲームの「目的」を達成したことによって、何らかの「ご褒美」が与えられます。「スーパーマリオブラザーズ」ではゴールするとボーナス得点が入ったり、新たにプレイできるステージが解放されて増えたりといった「ご褒美」がありますよね。こうして「ご褒美」をもらうことによってプレイヤーはさらに「気持ちいい」ことをもっとやりたいという感情が起こります。

このような循環ができたらそれが「ゲーム」なのです。図に表すとこのようになります。

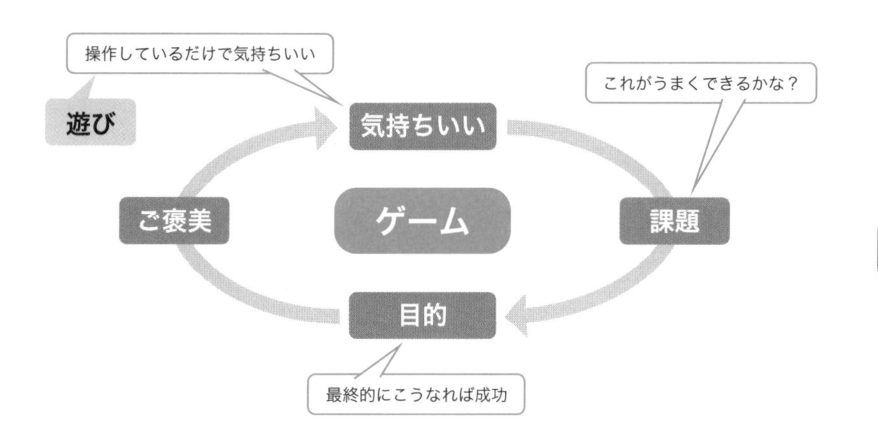

先程の課題で「ギリギリでぴったり止めると気持ちいい」の例にあげたものは「ゲーム」になっているようでした。それは「課題」と「目的」があるからだったのです。

「ストップウォッチ」は「10秒カウントしてストップさせて、ちょうど10秒で止められるかな？」という「課題」があり、「10秒に近い程成功」という「目的」があります。「チキンレース」は「岸壁に向かって車を疾走させて、落ちるギリギリでぴったり止めることができるかな？」という「課題」があり、「岸壁に近い程成功」という「目的」があります。「カーリング」は「的の中心に止められるかな？」という「課題」があり、「的の中心に近い程成功」という「目的」があります。

講演で出たアイデアでも自然と「課題」と「目的」を含んだものになっていました。「ドリフトで縦列駐車する」は「ドリフトをうまく決めて縦列駐車できるかな？」という「課題」があり、「ぴったり列に沿って駐車できたら成功」という「目的」があります。「真剣白羽取り」は「振り下ろされる刀をうまく両手で挟んで止められるかな？」という「課題」があり、「斬られないように両手で止められたら成功」という「目的」があります。「たらい落とし」には「たらいが頭に当たる前にうまく止められるかな？」という「課題」があり、「頭に近い程成功」という「目的」があります。

これらは「ギリギリでぴったり止める」というテーマ自体に「課題」と「目的」が含まれていたから答えが「ゲーム」になったのだと言えます。

一方、「水銀を近づけるとプルンとくっつくのが気持ちいい」は、単に気持ちいいだけで、挑戦すべき「課題」もないし、どうなったら成功か？　という「目的」もありません。「課題」も「目的」もない「気持ちいい」は「ゲーム」にはならないのです。

3-1-3　じゃんけん大会を「ゲーム」にするには

何となく「ゲーム」の概念がわかったでしょうか。いまひとつピンと来ていませんか？　それではわかりやすい例で説明してみましょう。

「じゃんけん」を思い浮かべてください。ちなみにじゃんけんはご存知ですよね。「グー」は石で「チョキ」はハサミ、「パー」は紙を表し、ハサミでは石は切れないので「グー」は「チョキ」に勝ち、紙はハサミで切られてしまうので「チョキ」は「パー」に勝ち、石は紙で包まれてしまうので「パー」は「グー」に勝つという、三すくみの関係になっている遊びです。

まず 1 分間ひたすらじゃんけんをし続けるとします。相手は兄弟でも友達でも構いません。また、2 人でも複数人でも構いません。とにかくスピーディにじゃんけんをし続けます。するとどうですか、次々にじゃんけんして勝ったり、負けたりして最初のうちは、ちょっとは盛り上がりそうですよね。これは「じゃんけんで勝つことができるかな？」という「課題」があるからです。でも 30 秒もすると、ちょっとダレてきて、一体これが何になるんだろう、と思いながらじゃんけんすることにならないでしょうか？

そうなると楽しくないですよね。何ででしょう？　それは「目的」がないからです。だって 1 回 1 回の勝敗は結局何の意味も持たないので嬉しくも悔しくもないわけです。

それではここで「3 回勝ったら勝ち」という勝利条件を設けてみましょう。するとどうでしょうか。早く 3 回勝った方が勝ちとなる「ゲーム」になります。相手が 2 回勝って、後 1 回負けたら負けだとなると、次の 1 回に力が入ります。また、双方とも 2 回勝ちの状態になったら最後の 1 回は決勝戦ですから盛り上がりますよね？

このように「ゲーム」には勝利条件という「目的」が必要なのです。

そして「目的」が達成されたら「ご褒美」がもらえてさらに「気持ちいい」ことをもっとしたくなれば循環して「ゲーム」になるわけですから、ここでも 3 回勝った人に何かご褒美が用意されていると俄然やる気が出るでしょう。例えば 3 回勝った人は負けた人に晩飯を奢ってもらえるとか。これが賞金 100 万円なんてことになったら、参加者の真剣さはまったく違ってくるでしょう。

これをさっきの図に当てはめると次のようになります。

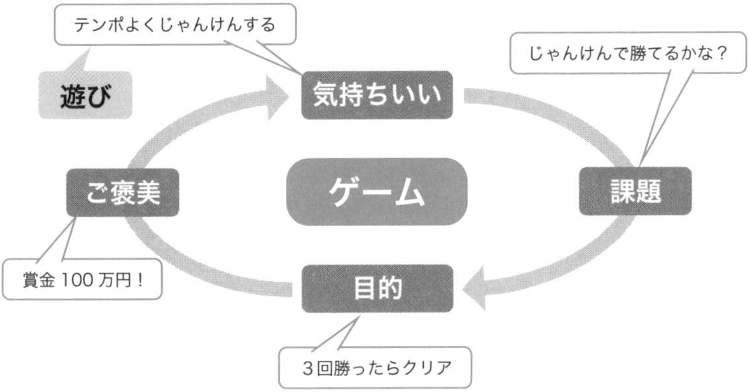

テンポよくじゃんけんする
遊び
気持ちいい
じゃんけんで勝てるかな？
ご褒美
ゲーム
課題
賞金100万円！
目的
3回勝ったらクリア

3-1-4 課題を設定する

それではまず「課題」を設定することから考えていきましょう。「課題」の設定がそのゲームのおもしろさを決定すると言っても過言ではありません。だから「課題」のアイデアについてはとことん頭を捻って捻って捻りぬいてほしいのです。そしてこの「課題」はとても大事な要素が必要です。それは

「うまくできたり、できなかったり」する要素があるかどうか

ということです。思い付いたアイデアを採用する前に、この要素があるかどうか、必ず確認してほしいのです。

課題とは「これがうまくできるかな？」ということだと言いました。ここで重要なのは「うまく」というところなのです。

「これができるかな？」ではなく「これがうまくできるかな？」であるということは、そのプレイをした時にプレイヤーが「うまくできたり、できなかったり」することがあるということです。

例えば「叩く」という「行為」から「気持ちいい」ことを考えたとしましょう。叩くことで気持ちいいことはいろいろあるでしょう。ゲームセンターに昔からあるアーケードマシンで「もぐらたたき」というゲームがありますよね。あれも「叩く」のが「気持ちいい」ゲームです。穴から顔を出したもぐらをピコピコハンマーでピコッと叩く、その行為が気持ちいいゲームでした。

しかしもし、このゲームがひとつの穴しかなくて、そこから顔を出したもぐらをハンマーで叩くのだとしたらどうでしょうか。じっとひとつの穴に集中していて、もぐらが顔を出し

た瞬間ハンマーを振り下ろす。引っ込んだもぐらが再び顔を出した瞬間、またハンマーを振り下ろす。この繰り返しです。これなら誰がプレイしても毎回もぐらを叩くことができてしまうでしょう。それでは「ゲーム」にはならないのです。なぜかというと、その「課題」は誰がプレイしてもできてしまうし、同じ結果になるからです。

このように誰でもできてしまって、同じ結果になることは「ゲーム」ではなく、単なる「作業」なのです。単なる作業はおもしろくありません。ゲームのアイデアを考える時、それが「作業」ではなく「ゲーム」になっているかどうかを検証するのはとても大事なことですからよく覚えておいてください。

ではどうなっていれば「ゲーム」になるのでしょうか。それは「うまくできたり、できなかったり」する要素があればいいということになります。例えばプレイヤーの判断ミスや条件反射、運動神経が追い付かなくて「うまくできない」ことがあって焦ったり、悔しがったりするような要素です。また、狙いが当たってうまく「課題」がクリアできた時に「やったー」と喜んだり、優越感に浸ったりするような要素が必要なのです。

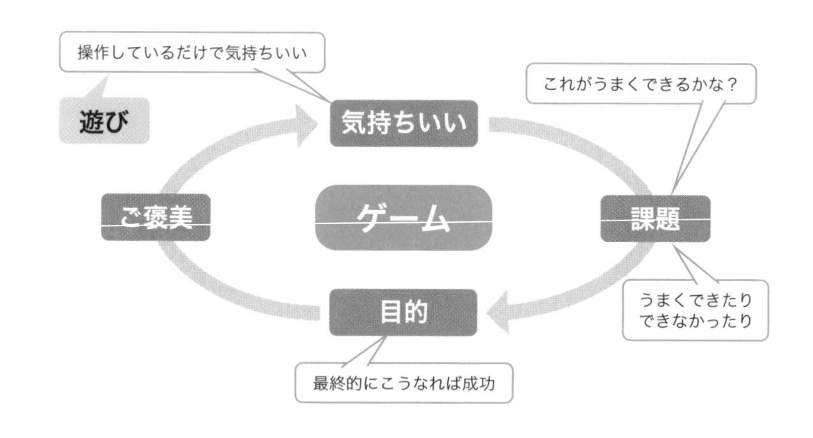

そこで「もぐらたたき」では複数の穴があって、どこからもぐらが顔を出すかわからないようにしているのです。右かと思えば次は左、真ん中かと思えば次は手前、しまいには右と左が同時に出たり、長く出ているもぐらがいたり、早く引っ込むもぐらがいたり、出そうで出なかったりとプレイヤーを惑わす動きをして翻弄するのです。こうしてもぐらたたきのプレイは「うまくできたり、できなかったり」してハラハラドキドキ、一喜一憂するわけです。

今でもシリーズ新作が創られている「太鼓の達人」も「叩く」のが「気持ちいい」ゲームです。こちらは流れてくる音符に合わせて叩くというリズムゲームになっています。しかしこれも例えばひとつのランプが点いた時に太鼓をドンと叩くだけだったらおそらく誰がプレイしてもほぼ100%できてしまうでしょう。

だから「太鼓の達人」では太鼓の真ん中を叩く「ドン」と端の部分を叩く「カッ」があり、それを叩き分けるという「課題」を設定して「作業」ではなく「ゲーム」にしているわけです。さらに両手のバチで同時に叩く「大ドン」「大カッ」や連打といった要素も加えることで、より「うまくできたり、できなかったり」が起こるようになり、ハラハラドキドキするのです。

「太鼓の達人」
©BANDAI NAMCO Entertainment Inc.

こういう話をすると「そんなの当たり前じゃん。わかってるよ」と思われる人もいるかと思います。でも自分でアイデアを考えてみると「作業」になってしまっていることって意外と多いんですよ。必ず検証してみてください。

3-1-5 目的を設定する

「課題」を設定したら、その課題をクリアしていくことで最終的に到達する「目的」を設定する必要があります。「目的」というのは「最終的にこうなれば成功」ということです。つまり勝利条件（クリア条件）です。

同じ「課題」であっても「目的」が違うと、ゲーム性やテンポが違ったものになる場合もあります。例えば先ほどの「じゃんけんで勝つ」という「課題」で考えてみましょう。この「目的」、つまり勝利条件が「1 分間に 10 回勝つこと」だとしたらどういうプレイになるでしょう。どんどん手を出してできるだけ多くの回数じゃんけんをして、早く 10 回勝とうとしますよね。では、勝利条件が「5 回中 3 回勝つこと」だったらどういうプレイになるでしょう。2 回までしか負けられないんですから、さっきのようにどんどん手を出すテンポではなくて、1 回 1 回慎重に力を込めてじゃんけんするんじゃないですか？

このように「課題」と「目的」の関係で、ゲームのテンポが変わります。だからどういうテンポのゲームにしたいのかを、まずは明確にイメージすることです。その上でどんな目的を設定したら、理想とするテンポになるかを考えるのです。

ゲームの目的（クリア条件）はいくつかパターンがあります。もしあなたが見つけた「気持ちいい」や「課題」に独自性があるなら、目的はこれらのよくあるパターンと同じでも構わないと思います。例えば基本的なアクションに独自性があるなら、スーパーマリオブラザーズと同じくゴールまで行くという目的にしても大丈夫ということです。とにかくイメージしたテンポになるような目的を設定してください。

それでは次によくある目的を挙げておきましょう。

① 制限時間

これはある意味とても有効な手段です。どんなプレイも制限時間が限られているだけで焦ってしまいうまく実力が発揮できなかったりしますし、ゆっくり考える時間があれば容易にできることでも、瞬時に判断しないといけない状況では判断ミスをすることもあります。

「パズドラ」も制限時間がなかったら、いくらでも動かしてたくさんのマッチを作ることができてしまうでしょうが、実際は制限時間があるために焦ってミスしてしまうことがあったり、思った動かし方が時間切れで途中までしかできなかったりするわけです。

② 基準得点、基準回数

①の制限時間を設けた上にさらに基準の得点や成功になる基準回数を設定します。そして制限時間経過後に基準を越えられていなかったら失敗となります。

こうすると一定時間は必ず遊べますが、一定以上の腕前にならないと基準をクリアできないので、徐々にプレイヤーをスキルアップさせることができます。基準に達したら次のステージに進めるようにすると、次のステージでは一定の腕前のプレイヤーである前提で難易度を考えることもできるのです。

ただ、この設定を誤ると、多くの人がそこでゲームを諦めてしまうこともあるので注意が必要です。

③ すべて集める

例えば「パックマン」のドットのように接触して集めるものがあり、それをすべて集められたらクリアとする「目的」です。

④ ゴールまで行く

とにかく障害となる「課題」をクリアして前に進み、ゴールとなる地点まで進めたらクリアとする「目的」です。マップ内にある鍵を探し当て、それを持って出口の扉まで行くのが「目的」のゲームもこれです。

⑤ 敵をすべて倒す

敵を倒すこと自体が「目的」になっている場合です。格闘ゲームなどでは敵の体力を「0」にしたら勝利となりますね。RPG の戦闘もこれになります。

3-2

「ゲーム」になったアイデアこそが「核になるアイデア」である

それでは具体的に「気持ちいい」を「ゲーム」にするにはどのようにしたらいいかを考えてみましょう。

3-2-1 「塊魂」の「課題」と「目的」

まず「塊魂」を例にして、「気持ちいい」からゲームアイデアとしてまとまるまでを分析してみましょう。ただしわたしがプロデュースした作品ではないので推測ではありますが、まず間違いないと思います。

「塊魂」は小さな王子が転がす玉を操作して、フィールドに落ちているありとあらゆる物をくっつけることで塊を大きくしていくゲームです。

「塊魂」 ©BANDAI NAMCO Entertainment Inc.

まず「気持ちいいを見つける」ことから始めます。雪だるまを作る時、小さな雪玉を転がしていき、雪をくっつけていくことで雪玉を大きくした経験がある方もいるでしょう。あの「転がして、くっつけて大きくするのは気持ちいい」という感情を中心にしてイメージを膨らませます。雪では普通なので、これを別の物に置き換えて考えてみます。

すると「フィールドに落ちているありとあらゆる物をくっつけて塊を大きくしていくのは気持ちいい」となります。しかしこれではただ単に大きくするだけであって「ゲーム」にはなりません。これはただの「作業」です。

これをゲームにするために必要なのが「うまくできたり、できなかったりする要素」です。それがあれば「塊をうまく大きくできるかな？」という「課題」になるからです。

そこで塊より大きい物はくっつかないというルールが考え出されました。これによって今の塊より大きい物は障害物となるわけで、これを避けて進まなくてはいけなくなります。すると大きい障害物を避けて、うまく小さいものをくっつけて大きくするという課題にできました。

また、一定の体積をくっつけると塊がレベルアップして一段大きくなり、くっつけられる物が増えるというルールによって、できるだけ体積の大きいものをくっつけると早くレベルアップできるという攻略法が生まれます。ただこれだけだと、延々とくっつける作業を繰り返していれば、いつかレベルアップして大きくできてしまうので、うまくできたり、できなかったりが起こらず、結局「作業」になってしまいます。

そこで「目的」に「制限時間内に規定の大きさにする」という独自のルールを付けるわけです。これでようやく「気持ちいい」が「ゲーム」になりました。

先程、ゲームの「目的」（クリア条件）の代表的なものを説明しましたが、この「塊魂」のように、そのゲームの独自性ならではの「目的」が設定できるなら、それに越したことはありません。

3-2-2 「Hole.io」の「課題」と「目的」

最近流行したスマホアプリで「Hole.io」というゲームがあります。このゲームはプレイヤーがフィールド上を移動する「穴」になって、フィールド上の物をどんどん穴に落として呑み込んでいくというゲームです。

これの「気持ちいい」は何でしょうか？　それは「穴に落とすのは気持ちいい」ということになると思います。テレビ番組でも大きな落とし穴を掘って待ち伏せし、そこにタレントを呼んで、歩いてくると盛大に罠にかかって落ちるのをスローモーションで演出して再生するというのがありますよね。

しかし、ただ単に穴に落とすだけでは作業に過ぎません。そこで最初は小さな人や街灯やベンチだけだったものが、規定数落とすと穴が大きくなっていき、果ては自動車やビルまでも落とすことができるというルールが設けられています。これによって「うまくできたり、できなかったりする要素」が生まれ、「課題」になったわけです。

ここまで聞いて気付いた人もいることでしょう。そうです。これは「塊魂」の仕様とほとんど同じですね。違うのは「塊魂」の「気持ちいい」が「塊を大きくしていくのは気持ちいい」であるのに対して「Hole.io」の「気持ちいい」が「穴に落とすのは気持ちいい」に置き換わっているということです。しかし「穴に落とす」遊びにしたことで、縦に長いものはうまく穴に嵌めないと物理演算処理によって、途中で倒れてしまって穴に入らなくなってしまうといった、「塊魂」にはなかった要素が生まれたりもしています。

このように「気持ちいい」が変わるだけでも、別のゲームが創れることもあるのです。

3-2-3 「気持ちいい」を「核になるアイデア」まで高める方法

それではあなたが見つけた「気持ちいい」を「核になるアイデア」にまで高めていくことにしましょう。それには「気持ちいい」から逆算していけばいいんです。

おもしろいゲームの中心には「気持ちいい」がありました。ということは、今あなたが見つけた「気持ちいい」が中心になるような「ゲーム」を考えれば、オリジナルのアイデアになるはずです。

その「気持ちいい」が中心にあるということは、それが頻繁に起こるということです。つまりその「気持ちいい」が生まれる「操作」を頻繁にする遊びだということですよね？　ですからまず、その「気持ちいい」を頻繁に行なっている様子を頭の中でイメージするのです。ただ、頻繁にとは言いましたが、「遊び」のテンポは様々なので、四六時中行なっているとは限りません。「スーパーマリオブラザーズ」のジャンプのように「気持ちいい」が常に起こる遊びもあれば、「テトリス」の連鎖のように、積んで積んで型を作っていった後に、一気に起こる遊びもあります。ですからテンポについても様々なパターンをイメージする必要があるのです。

ここでもう一度思い出してください。アイデアを考える時はどうするのでしたっけ？　そうです。「動画」で「短時間」に次から次へといろいろな角度、いろいろな状況、いろいろな場面、いろいろなテンポを思い浮かべるんです。そうしてこの「気持ちいい」が起こる瞬間の動画をイメージし続ける中で、それがあることでどんな**『イイコト』**があるのかを考えるのです。それによって初めてできるようになること、良くなることは何かを考え続けてください。

あなたが見つけた「気持ちいい」は、そのゲームの中心になるべき「行為」であり、そのゲームで遊んでいる間中、最適なテンポで行なうことになるはずです。ですから、そのゲームにとって、この「気持ちいい」は独自性に他なりません。と、いうことはこの「気持ちいい」があることで、他のゲームとの差別化ができるということなのです。それは何なのかを考え続けるのです。

また、「ゲーム」にするためには「課題」が必要でした。それは「気持ちいい」が起こる「操作」をうまくやることによって解けるものであればいいわけです。

ですから次にその「気持ちいい」をうまくやって解ける「課題」を考えることになります。

そして「気持ちいい」をうまくやることによって「課題」を解けば解くほど近づいて行く「目的」があればいいんでしたよね。この「目的」ですが、それまでのところで独自性があるならば、既存のゲームによく見られるものから、イメージするテンポに最も適した「目的」を選んだって構いませんし、オリジナルで考えられればオリジナリティが高まります。

さらに「目的」に到達してクリアできたら、何らかの「ご褒美」を与えることで、もっと「気持ちいい」ことをやりたくなる、という循環ができれば「ゲーム」になるわけです。

こうして「気持ちいい」を見つけて生まれた「アイデアの種」が、「課題」や「目的」「ご褒美」を設定されて「ゲーム」になったら、それこそが「核になるアイデア」なのです。

それではここからいくつか「演習」をやってもらいましょう。

まずはさっきのプチプチのアイデアの続きを考えてみることにしましょう。

演習 9　課題を考える

スマホアプリのプチプチ潰しの「遊び」を「ゲーム」にするために次の問いに答えてください。

【制限時間：20 分】

演習 7 で、①つぶすものを何か別のものに置き換えて、②それがどんな風につぶれたら最も「気持ちいい」になるかを動画で考えてもらいました。そこで次に、それをつぶすことでできる「ゲーム」を考えてみましょう。

③ 課題：「これがうまくできるかな？」を考えてください。

「うまくできたり、できなかったり」する要素を忘れずに！

どうでしょうか？　いいアイデアが浮かびましたか？　「うまくできたり、できなかったり」するアイデアになっていましたか？

それとも難しかったでしょうか？　何にも思い付かな〜い、とガックリしている人、少し「課題」について考えてみましょう。

「ゲーム」にする以前に、まず手当たり次第につぶすだけでも気持ちいい「遊び」を考えてもらったわけです。その操作をしているだけでも「気持ちいい」なら、しばらくの間はそれをやっているだけで楽しめてしまいますからね。空き缶を次々にクシャ、クシャってつぶしたり、風船をパンッパンッパンッと割りまくったりするだけでも結構ストレス発散になって楽しいと思います。でもそれだけでは単なる「作業」なのでじきに飽きてしまいます。だから「うまくできたり、できなかったり」する要素が必要なのです。

「うまくできたり、できなかったり」する要素にはどんなものが考えられるでしょうか？

◎「つぶしていいもの」と「つぶしてはいけないもの」がある

例えばみかんはつぶしていいが、なぜかりんごをつぶすと減点とか。次々にプチプチをつぶしていくと、時折ドクロマークのプチがあってそれを誤ってつぶすとドカーンと爆発してしまうとか。

◎つぶすものが動いている

つぶす対象物が常に移動していて、それを追いかけてつぶす必要があるなどです。動き方を工夫することで「うまくできたり、できなかったり」する要素にバリエーションを生むこともできそうです。

◎つぶす順番がある

つぶす順番があって順番を飛ばすと無効になってしまうとか。例えばプチプチに番号がついていてその順番につぶすとか、りんご→みかん→いちご→りんごの順につぶせるかな？　とかにしたら順番を意識して、瞬時に次の順番のものを探すというゲームになりますよね？

◎つぶす量が決められている

闇雲につぶしていいわけではなく、それぞれにつぶしていい量が決められていて、それを越えると失格になってしまうなどです。こうすると、調子に乗ってバンバンつぶしていると失格になってしまうので、最後は慎重になるテンポが生まれますね。

他にもいろいろ考えられると思いますが、思い付かなかった人は①〜③の条件に自分の考えた「つぶすと気持ちいいもの」を当てはめてみてください。どうなっていたら「うまくできたり、できなかったり」する要素になるでしょうか？

演習 10　目的を考える

演習 9 であなたが設定した「課題」に対して次の問いに答えてください。
【制限時間：10 分】

④ 設定した課題に対して、目的：「最終的にこうなれば成功」を考えてください。

いかがでしょうか。自分が思い付いた「気持ちいい」ことが起こる「操作」をうまくやることによって「課題」がクリアされ、「目的」に到達することで「ご褒美」がもらえ、さらに「気持ちいい」がしたくなる循環がイメージできたでしょうか？

それでは続けて練習問題をやってもらいましょう。
ここでは「つぶすと気持ちいい」ものとして、フルーツを取り上げてみます。

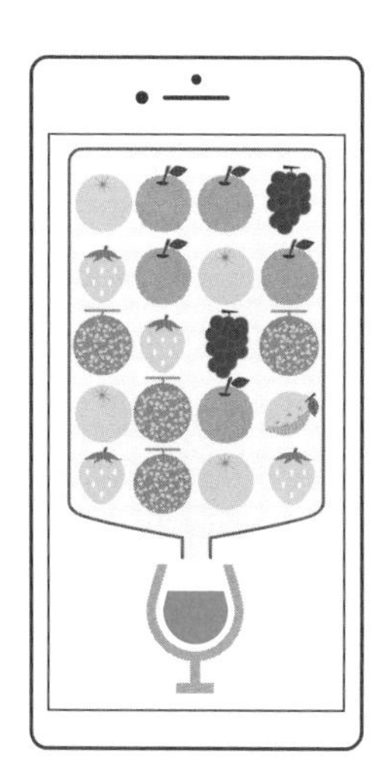

左の画像のように画面にいろいろなフルーツが並んでいます。
これを指でタッチすると、そのフルーツがプシャッとつぶれて果汁が飛び散り、下にある漏斗で集められてグラスに溜まる仕組みです。フルーツがつぶれる際、それに合わせて本体がわずかに振動することで、指先でつぶした感触が「気持ちいい」ものになるように調整します。画像もつぶれた瞬間、心地よい効果音と共に弾け飛ぶようなエフェクトが加わって「気持ちいい」を増幅するようにします。

これで画面を指でタッチすることによって、次々にフルーツをつぶしてジュースを作る「気持ちいい」操作はできました。しかし闇雲にフルーツをつぶし続けてもすぐに飽きてしまいますよね。それは単なる「作業」ですから。

そこで何かルールが必要になってきます。

演習 11　**別の課題を考える**

「りんごはつぶしてもいいが、みかんはつぶしたらダメ」のように、つぶしていいくだものとつぶしてはダメなくだものが存在する課題を設定することにします。

どういう課題だったらこの条件が成立するかをできるだけたくさん考えてください。

【制限時間：10 分】

これだったらいろいろ考えられたのではないでしょうか？「みかん以外をつぶせ！」とか「赤いフルーツをつぶせ！」とか「りんご→みかん→いちご→りんご→……の順につぶせ！」とか「柑橘系ジュースを作れ！」とか「りんごバナナシェーキを作れ！」とかいった課題を設定したら、急いでつぶそうとすると、焦って間違えて違うフルーツをつぶしてしまったりしてハラハラドキドキするのではないでしょうか。

以前の講演で出たアイデアを紹介しておきますので、自分の考えたアイデアと比べてみてください。

◎味を指定する

すっぱいとか甘いとかいった味を指定してつぶしてもらうというものです。しかし、これだとレモンは必ずすっぱいのでいいですが、みかんは甘いのもあるし、すっぱいのもありますよね。だからこのアイデアは誰もが納得する味限定ということになってしまいます。いろいろな条件がある中のひとつとしてなら使えるかもしれませんね。

◎客の注文通りのフルーツをつぶす

例えばABCの3人の客が次々に注文してくるジュースを作るとか、作るのはミックスジュースなんだけれども、客によってイチゴとみかんは苦手、などというように、抜いてほしいくだものがあるというのです。これは逆転の発想でおもしろいですね。

◎文字数

例えば「4文字のフルーツをつぶせ」と言われたら、メロンやぶどうはダメで、オレンジはつぶしていいことになります。

◎コップの大きさに大・中・小がある

コップから溢れないようにつぶす必要があるので、コップの大きさに合わせてフィールドにあるフルーツをつぶす個数を調整するというアイデアです。ぎりぎりの方が高得点などとするとおもしろいかもしれません。

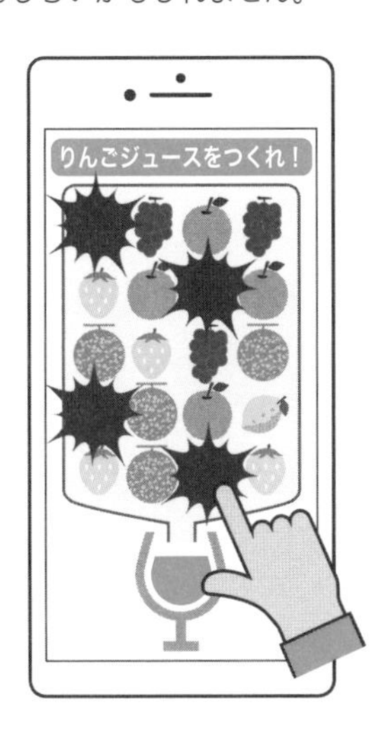

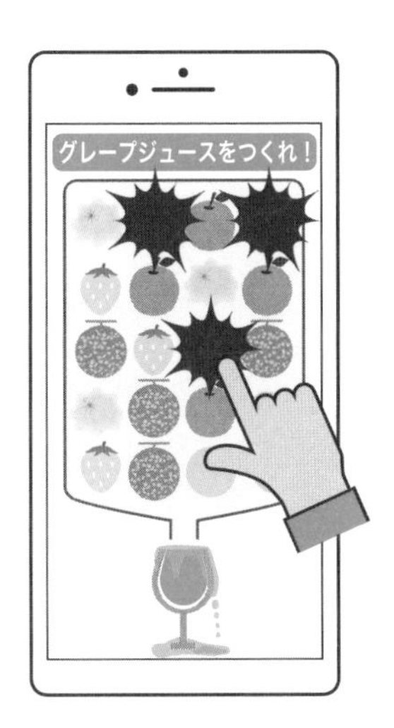

◎フルーツに鮮度がある

新鮮なうちにつぶさないといけない。長くつぶさないで残っているのがあるとまずいことがある。または逆に鮮度の落ちたもののみをつぶす。
新鮮だと何がよりうまくいくのか、でいいアイデアがあれば使えるかもしれません。

◎ドラッグして下の列に並べるとつぶされてジュースになる

これも指でドラッグして動かして、指定のフルーツを一番下の列に並べるとつぶされるという課題になります。操作感としてはパズドラのような感じですね。

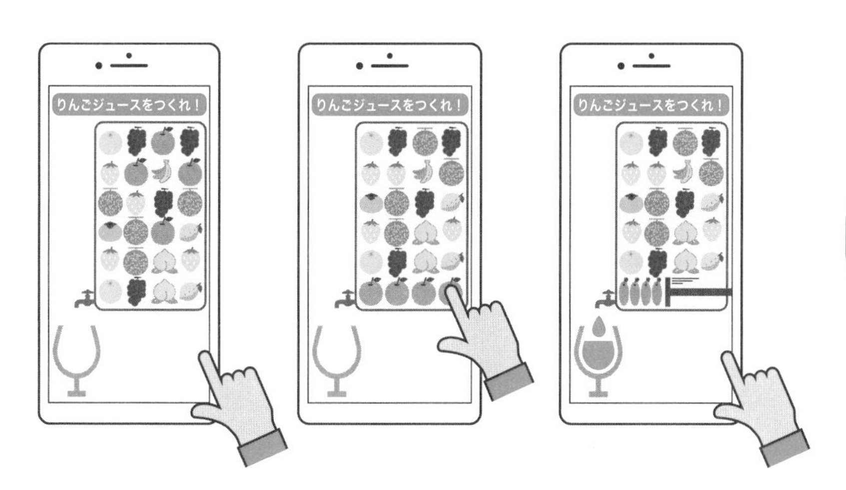

◎配置を暗記する

まず配置を覚え、パネルが裏返って、指定のフルーツの場所を当てる、神経衰弱のようなゲームです。

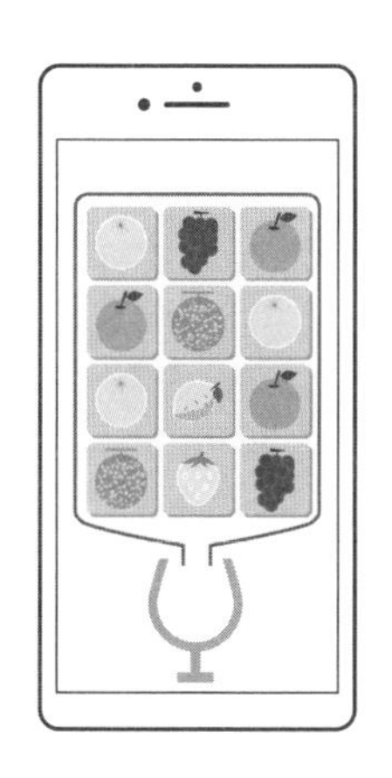

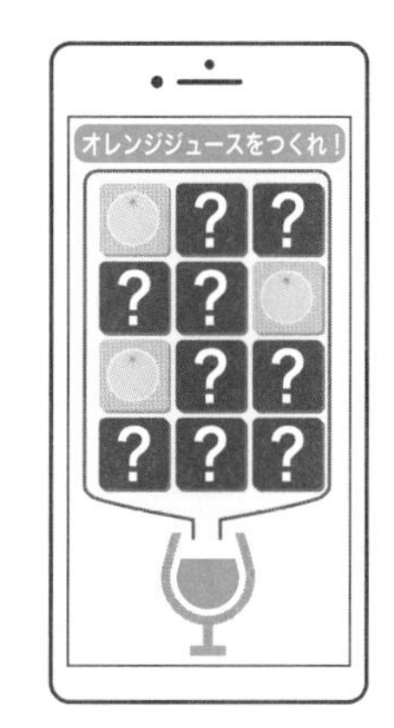

◎グラスをいっぱいにするフルーツの個数が違う

イチゴは小さいので10個、メロンは大きいので2個、りんごは3個、みかんは5個という具合に、それを越えると溢れて失敗になるというアイデアです。

◎3マッチで消していき、特定のフルーツだけ残す

これは指でドラッグして動かして並べ替え、同じフルーツを3つ揃えて消していき、特定のフルーツだけ残すゲームです。3マッチという課題と、特定のフルーツを残すという目的を設定したアイデアになります。

◎ひと筆書きで同じくだものが連続しないようになぞる

同じフルーツが連続しないようにできるだけ多くつなげるというアイデアです。

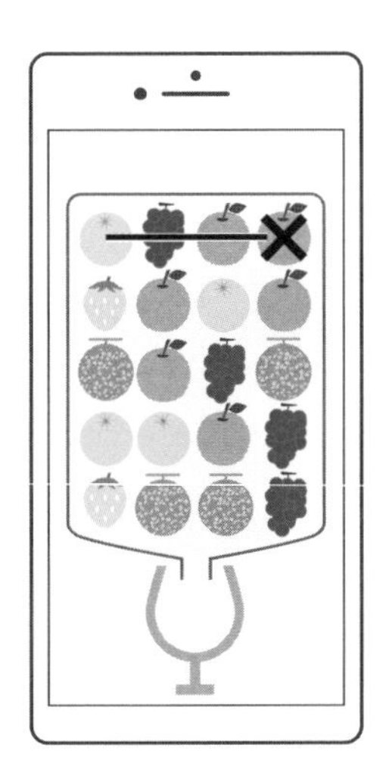
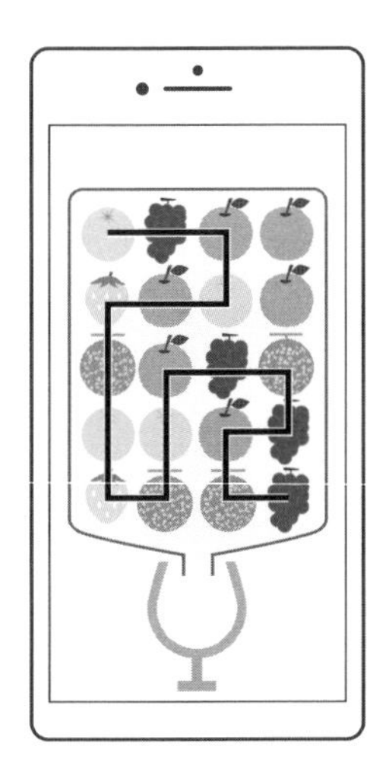

◎その他

色、柑橘系、季節を指定、種無し、皮無し、順番を指定、爆弾はNG、虫はNG

これらのアイデアを頭の中で動画で想像してみてください。どうですか？　それぞれ遊ぶ時のテンポが違いませんか？　客の注文や鮮度のように、とにかく瞬時に求められているフルーツを見極めて、急いでつぶすテンポのものもあれば、すばやく並べてから一気につぶれる3マッチのようなものもあるし、神経衰弱ではちょっと考えたり迷ったりするテンポのゲームになりそうです。このようにアイデアにはそれに**最も適したテンポ**があるのです。そして最も適したテンポの時、最も気持ちいいのです。

演習 12 **風船割りゲーム**

風船割りゲームを考えてみましょう。

スマホの画面の下から上に向かって、次々に風船が舞い上がっていきます。スピードもまちまちで速いものもあれば、ゆっくり上がっていくものもあって、これをタッチでバンバン割っていく遊びです。

これを図に当てはめると次のようになりますね。

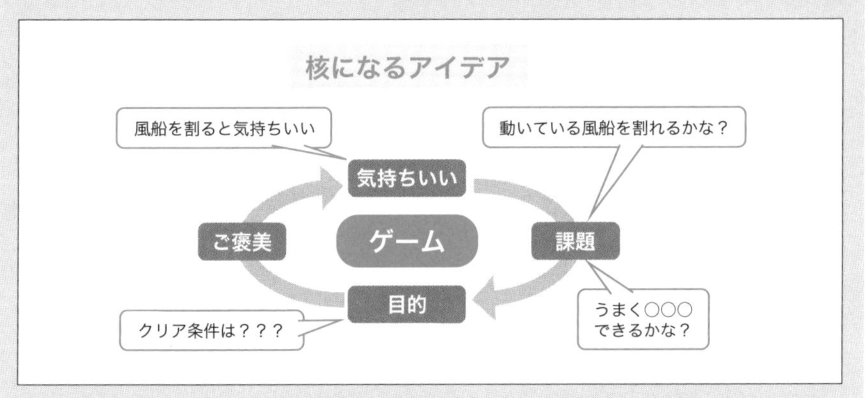

「風船をタッチで割っていく」のが「気持ちいい」で、「下から上へ動いている風船を割れるかな？」というのが「課題」ですが、これだけだと単なる「作業」ですから、すぐに飽きてしまいます。

そこでこの操作を飽きずにずっと楽しめるようにしてほしいのです。例えばクリア条件という「目的」を設定したり、「うまく○○○できるかな？」という「課題」を追加したりするということです。

【制限時間：10 分】

どうでしょうか？　思い付きましたか？
それではまた、以前行なった講演で出たアイデアを紹介しておきましょう。

◎色ごとに割る数を指定する

つまり、青を18個、赤を25個、黄色を10個割れ！　というような課題です。

これだったら制限時間があった方がいいですね。早く達成できる程高得点になるようにすれば無闇に割りまくるのではなく、無駄のないような割り方をしてくれるかもしれません。

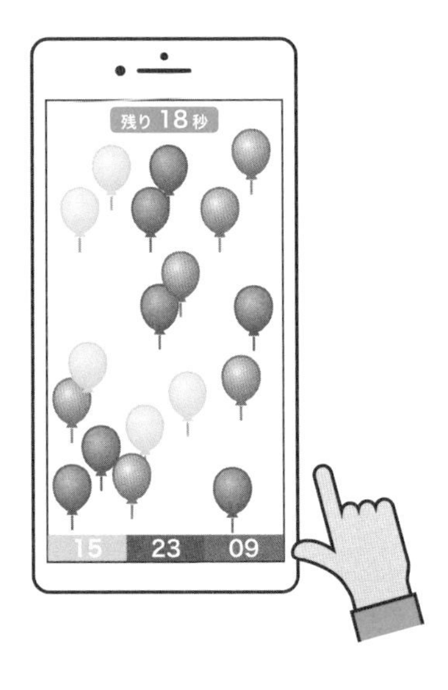

◎丸く囲んだら割れる

指で画面をなぞると線が引けて、丸く閉じると囲んだことになって一気に囲まれた風船が割れるんですね。一気に割れるのが気持ちよさそうです。これは風船を割ると聞いてすぐ頭に浮かぶタッチ操作じゃない操作にしたのがイイです。丸を描くのが「気持ちいい」になっていればそれだけで楽しいでしょう。後はこの操作だからできる「課題」と「目的」が考えられればいいのです。

◎**画面下を動く人に割って落とす**

これは画面下部を左右に動き回っている人がいるというアイデアを足したんですね。風船に何かのアイテムがぶら下がっていて、風船を割ると真下に落ちるので、それがちょうど人の上に落ちるようにタイミングを計って割る必要がありますから、縦と横の動きを合わせるゲームになりそうです。このアイデアだったら風船が上がっていくスピードはかなりゆっくりしたテンポになるでしょうね。ゲームのテンポが変わります。

◎**風船の上をジャンプして上っていく**

何と指でタッチして割るのではなく、操作するキャラクターを登場させて、風船から風船へとジャンプするアクションゲームになりました。ジャンプすると乗っていた風船が割れるというわけです。風船から風船にジャンプしていくスリルが楽しめそうです。風船の上がっていくスピードが違っていたら乗った時のスクロールスピードも変わって楽しそうですね。
早く上方のゴールまで辿り着くとクリアとか、風船の中に隠れているジュエルを見つけるとクリアとか、目的を何にするかでテンポも変わりそうです。

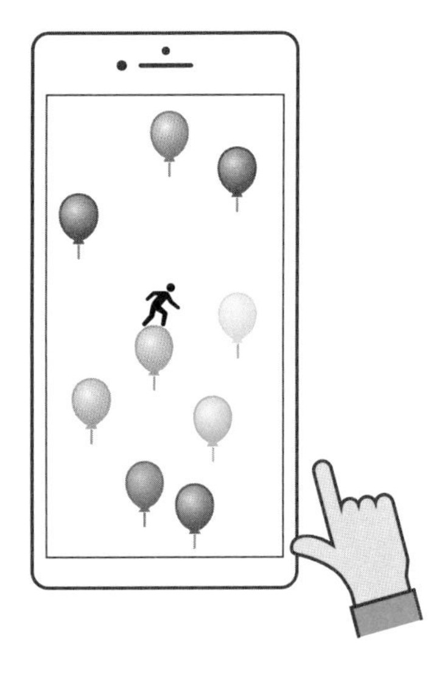

◎足して１０になるように割る

風船に数字が描いてあって、その数字の合計がぴったり１０になるように割るというアイデアです。「3」を割ったら次は「7」を割れば成功です。「7」以外の数字の風船を割ったら失敗というわけです。「1」と「3」と「6」と３つ合わせて割るとさらに点数が倍になるなどルールもいろいろ考えられそうです。

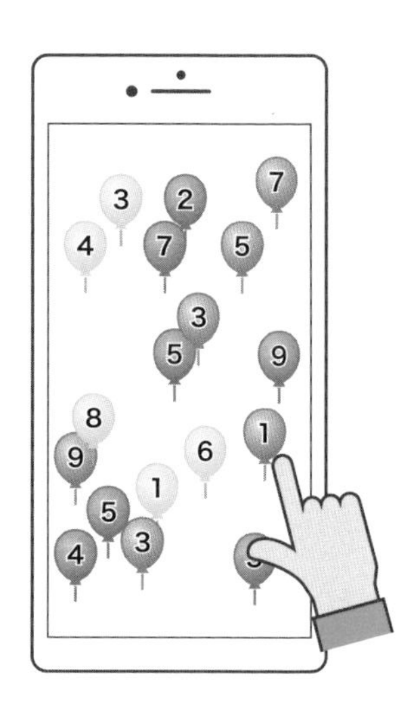

◎タップした方向に鳥が飛ぶ

画面内に鳥がいて、画面をタップすると鳥とタップした地点の延長線上に鳥が飛んでいき、通過したところにあった風船が割れるのです。

うまく風船が重なっている場所をすばやく見つけ、鳥をうまく操って効率よく風船を割る遊びになりそうです。飛んでいる最中でもタップしたらすぐに鳥が旋回して飛んで来たら操作しているだけでも気持ちいいかもしれません。

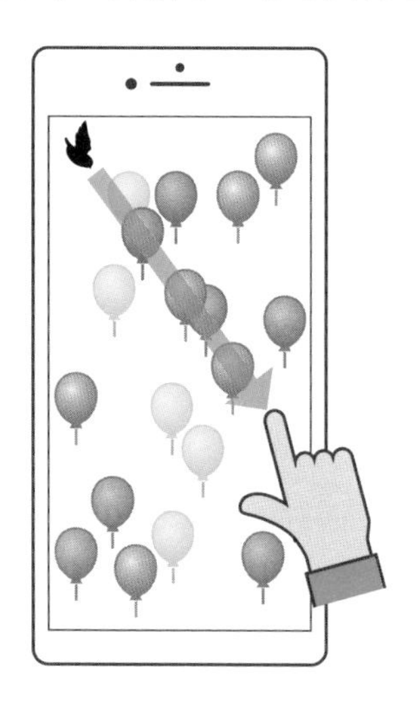

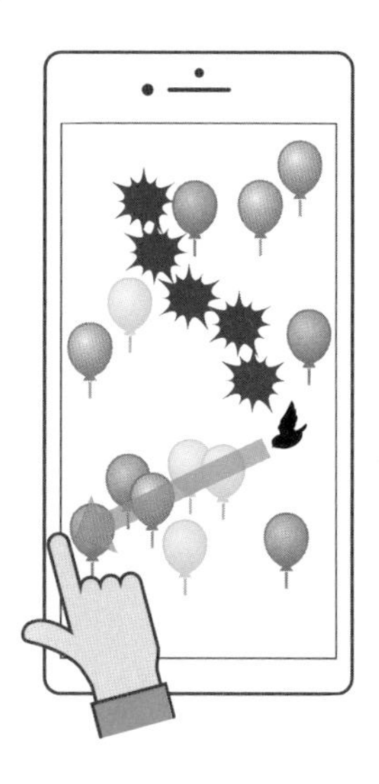

◎色ごとに仕分けする

全体を３色ぐらいに絞って、画面上部にある各色の枠にその色の風船が入るように指で左右にずらすゲームです。こうしてテンポよく仕分けるのは結構おもしろいものですよね。

これに限らず「仕分け」をテーマにしていろいろなゲームが創れそうです。

◎割ったり結び付けたりして上下させるアクション

これは横スクロールアクションのアイデアです。風船の数で滞空する位置が変わります。風船が５つ付いていると一番上を、２つ割ると中央を、４つ割って１つにすると一番低空を飛ぶのです。そして空中に飛んでいる風船を結び付けるとゆっくり上昇するので、これを利用して、障害物を避けてゴールまで進むゲームができそうです。

この操作は直観的でなければ成立しないので、指やタッチペンでの操作が一番気持ちいいテンポになるでしょうね。

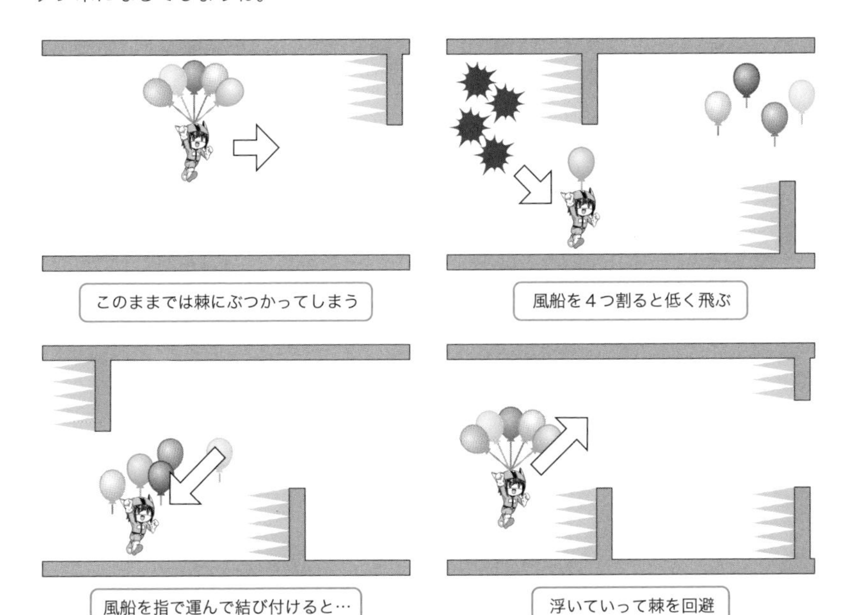

◎横画面で玉を飛ばして軌跡で割る

これは縦に動いていく風船を、放物線を描いて飛ぶ玉で割るというアイデアです。アングリーバードみたいな操作で、軌跡を想像して飛ばすゲームですね。出題に拘らず、縦画面を横画面にしてみたのがイイですね。こうしていろいろな視点で考えてみることが大切です。

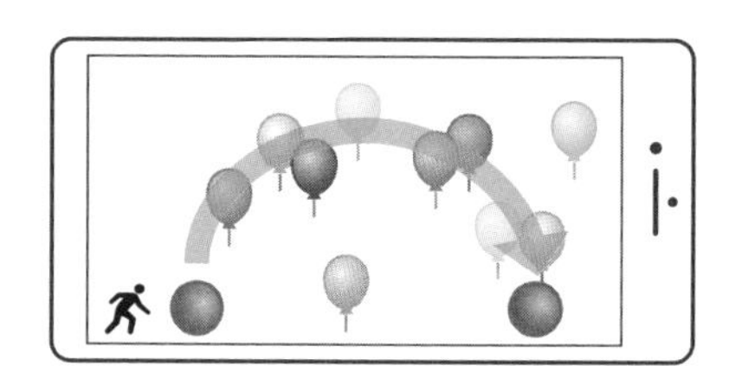

◎その他

色で耐久度が違う、タップする回数を数字で表記、指定の色、順番がある、特定の位置でつぶす(音ゲー的な)、長押しで大爆発(周りを巻き込む)、対戦で好きな回数だけ膨らませて交代し割れたら負け、色付きの玉を発射して同じ色の風船のみ割る、パチンコ、矢、スマホを動かしたり回したりして風船を操作、爆弾をタップしたらNG、風船を束ねる、タップで複数ロックオンしてから一斉に割る…

これらのアイデアもそれぞれの「テンポ」と「気持ちいい」に注目して動画で想像してみてください。

まとめ

Chapter 3 「気持ちいい」を「ゲーム」にする

- ゲームには「目的」(クリア条件)がある
- その過程に於いて「課題」が与えられる
- 「課題」には「うまくできたり、できなかったり」する要素が必要
- 「気持ちいい」「課題」「目的」「ご褒美」の循環ができたら「ゲーム」
- 「ゲーム」になったら、それが「核になるアイデア」

コラム

アイデアを選択する際の基準

ここまで演習でいろいろなアイデアを考えてもらいましたが、その際いくつもアイデアが思い付いた方もいるでしょう。本番では最終的にその中からひとつ選ぶことになるわけですが、その時何を基準に選べばいいのでしょう？　わたしの場合は、

「気持ちいい」が多い方

を基準にしています。

例えば「風船割りゲーム」の演習で、課題を設定する際、次のようなアイデアを思い付いたとします。

**風船の中にインクが入っていて、
割るとインクがぶちまけられる**

これを課題にするとしたらどうしますか？

ひとつは「インクの入った風船を割らないように風船をたくさん割れるかな？」という課題です。次々に風船を割っていくうちに、ついインクの入った風船を割ってしまって、あちゃ～となるゲームです。

もうひとつは「インクの入った風船を割ってインクをうまくぶちまけることができるかな？」という課題です。

どちらの方が「気持ちいい」が多いでしょうか？　前者はバンバン風船を割る「気持ちいい」がありますし、インクの入った風船を割ってしまうという「うまくできたり、できなかったり」する要素もあって、スリルもあります。一方後者は風船をバンバン割る「気持ちいい」がある上で、さらに中からインクがぶちまけられて、ゲーム画面を塗りつぶしていく「気持ちいい」も加わります。わたしはこういう時、より「気持ちいい」が多い方を選びます。

そもそもゲームって普段の生活ではできないことを思い切りやれるのがいいところでもあるので、インクをぶちまける行為はとても「気持ちいい」んじゃないでしょうか？　だったらそれをメインにしたゲームにするのはどうでしょう。

例えば自分の色のインクが入った風船だけをバンバン割って、画面を自分の色で塗りつぶすゲームにできそうです。もちろん対戦相手は別の色の風船を割って上塗りしてきます。そうしたらまだ塗られていないところで自分の色の風船を割るか、すでに塗られている相手の色の上を上塗りするために割るかといった戦略も楽しめそうじゃないですか？　こう考えていくと「自分の色のインクの入った風船を割って、相手より多くの面積を塗りつぶすことができるかな？」という「課題」に発展しますね。

また、次のような「気持ちいい」の「目的」について考えてみましょう。

爆弾でモンスターをまとめて
一気に吹き飛ばすのは気持ちいい

できるだけモンスターが密集している場所で爆弾を爆発させられるように設置したり、タイミングを計って起動させたりするゲームです。

このゲームの目的として次のようなものを考えました。

モンスターを殲滅するのに要した爆弾の数が
少ない方が勝ち

できるだけ効率よく、まとめてモンスターを吹き飛ばすように仕向けるために、爆弾の数をなるべく少なくさせる仕様ですね。しかしこれだと爆弾を爆発させるという最も気持ちいい瞬間が、うまくなればなるほど減ってしまいます。

しかしこの目的を次のようにしたらどうでしょう？

10 発の爆弾を使って、
より多くのモンスターを倒した方の勝ち

これだったら誰でもが 10 回爆弾を爆発させられます。しかもその 10 回を最も効率よく使えた人が勝つゲームになりますね。

このように「気持ちいい」が少しでも多くなるようにアイデアを選択していくことで、よりその「気持ちいい」が中心になったゲームになると思うのです。

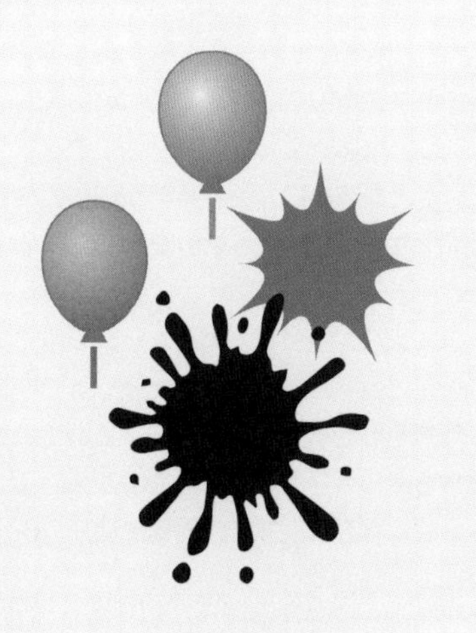

アイデアの３要素から「気持ちいい」を考える

アイデアの種は「気持ちいい」を見つけることから始まるのですが、実際はいろいろなアプローチがあります。ここでは核になるアイデアの３要素から考え始めてみましょう。
その場合もまず最初にやることは「気持ちいい」を見つけることなのです。

核になるアイデアの３つの要素

あなたが思い付いた「気持ちいい」ことが起こる「操作」をうまくやることによって「課題」がクリアされ、「目的」に到達することで「ご褒美」がもらえ、さらに「気持ちいい」がしたくなる循環ができたなら、それは「ゲーム」になっています。

そしてこの「ゲーム」になったアイデアの種こそが「核になるアイデア」でした。これが確立できたなら、今度はこの核になるアイデアを３つの要素に分解しておきましょう。

4-1-1　テーマ、コンセプト、システム

核になるアイデアは次の３つの要素が絡み合ってできています。図にすると次のような関係です。

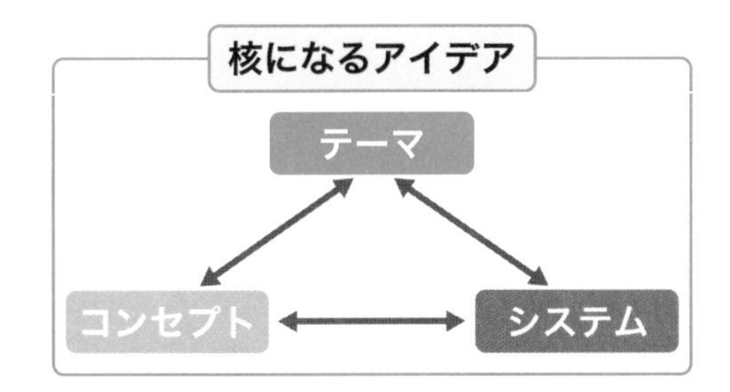

●テーマ

「テーマ」とは「題材」のことです。これは剣とかジェット機とか風船のような「物」の場合もありますし、転がるとかジャンプとか斬るといった「動詞」の場合もあります。ありとあらゆる物や事がゲームのテーマになり得ます。

●コンセプト

「コンセプト」とは「何を楽しんでもらうのか？」ということです。上記のテーマが含んでいる、あるいは関連する要素の中からどういう部分を切り出して「何を楽しんでもらうのか？」を明確にしたのがコンセプトです。

ですからコンセプトに記述されるのは「ゲーム」の内容でなくてはなりません。

「〇〇〇を楽しんでもらいたい」と口に出して言ってみてください。〇〇〇の部分は具体

的な「ゲーム」の内容が入ります。「ジャンプでフィールドをノンストップで駆け抜けること」や「音楽に合わせて流れてくるドンとカッの音符の指示通りに太鼓を叩くこと」や「フィールドに落ちている物を効率よくくっつけて塊を大きくし、制限時間内に規定の大きさにすること」を楽しんでもらいたい、といった感じです。

これが言葉にできたなら、それこそが「コンセプト」です。

●システム

「システム」とは上記のようなコンセプトを「どうやって実現するのか？」ということです。

「気持ちいい」ことが起きれば起きるほど、そのゲームの目的に近づけるようになっているはずですから、それがどんどん起こるようにしたいわけです。

どうやったらコンセプトである「楽しんでもらいたいこと」がたくさん起こるようになるのか？　を考えるのです。どういう仕組みやルールがあったらそれは実現できるのか？　どういう操作方法ならそれは実現できるのか？　どういう表現方法を採ったらそれは実現できるのか？　「こういう仕組みや操作方法、表現方法を採用すると、ほら、確かにコンセプトにあるような体験ができるし、こういう状況が頻繁に起こってこんな気持ちになって、コンセプト通りのスリルを感じるでしょう？」というような実現方法のアイデアです。

そして最初にお伝えしたように、これらの３つの要素が絡み合ってひとつの核になるアイデアになるのです。

4-1-2 「気持ちいい」を最大化するテンポを探る

このように核になるアイデアはテーマ、コンセプト、システムの３つの要素が絡み合ってできているのですが、これに「テンポ」が加わって初めて「気持ちいい」になるのです。

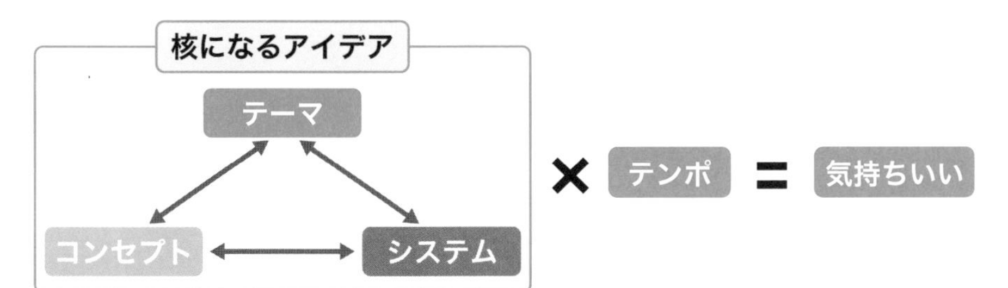

●「ミスタードリラー」のテンポ

同じテーマ、コンセプト、システムからなる核になるアイデアであっても、テンポが違うと「気持ちいい」が違ってしまうのです。わたしがプロデュースした「ミスタードリラー」がまさにそうでした（「ミスタードリラー」については264ページの解説を参照してください）。

核になるアイデアには、最も適したテンポというものがあります。つまりそのアイデアが最も「気持ちいい」になるテンポを同時にイメージする必要があるということです。
「ミスタードリラー」の３つの要素は次のようなものです。

テーマ：掘る
コンセプト：潰されないように掘り進む緊張感と快感（を楽しんでもらいたい）
システム：ブロックの連鎖、その中にプレイヤーキャラがいる

このゲームの開発当初のアイデアではもっとゆっくりしたテンポでした。ひとつ掘ってはブロックが崩れる様子を観察し、安全な位置に移動、また掘っては様子を見て移動、ということを繰り返すパズルゲーム的テンポでイメージされていたのです。しかし実際創って遊んでみると、どんどん勢いで掘って行って、瞬時に避けながら掘り逃げるアクションゲームのようなテンポの方がずっとスリリングだったのです。つまり圧倒的にこちらのテンポの方がコンセプトである「潰されないように掘り進む緊張感と快感」を楽しめたのです。

「ミスタードリラー」©BANDAI NAMCO Entertainment Inc.

ところで、ここで注目してもらいたいのは、どちらのテンポであっても、核になるアイデアの３つの要素は同じだということです。このように同じ要素の核になるアイデアでも、テンポが違うと「気持ちいい」が違ってしまうのです。
ですからアイデアを考えた時、必ず一緒にその「気持ちいい」が最大化する最も適したテンポをイメージしてほしいのです。アイデアを考える時、動画で考えようと言いましたが、それもテンポを同時にイメージしてもらうためなのです。

4-2

3つの要素からアイデアを考える

アイデアの素は「気持ちいい」から考えると言いましたが、実際はアイデアを思い付くきっかけは様々なのです。

「核になるアイデア」は「テーマ」「コンセプト」「システム」の３つの要素からできていましたね。ですから、そのそれぞれの要素があらかじめ決まっていて、そこから発想していくことも多々あります。

しかし、大事なことは、きっかけはどこから始めても、まず初めにすることはやはり

気持ちいいを見つける

ことだということです。

実際にわたしが開発に携わった製品を例にして解説していきましょう。

4-2-1 テーマから発想する

まず「テーマ」が決まっていて、そこから発想するのもいいでしょう。

読者の中には、アミューズメント業界の業界団体であるコンピュータエンターテインメント協会が主催する日本ゲーム大賞のアマチュア部門に応募しようとしている方もいるでしょう。このイベントでは、毎年テーマが決められていて、それに沿ったゲームアイデアを提案するようになっています。

例えば過去には「時間」とか「はさむ」とか「うつす」とかいったテーマが提示されています。最近では「☆」といった形だったり、音声データを聞いて発想したりと、一筋縄ではいかなくなってきています。ちなみに２０２１年度のテーマは「メビウスの輪」でした。ここからどれだけ独創的なアイデアに発展させられるかが勝負になるので、誰でもすぐに思い付くようなもので止まるのではなく、さらに考え続けて審査員の予想をいい意味で裏切るものにすることをお勧めします。

このように「テーマ」を決めて考え始める場合でも、まず初めにやることは「気持ちいいを見つける」ことなのです。そのテーマに沿ったどんな行為を、どんな操作で、どんなテンポで行なったらどんな「気持ちいい」感情が生まれるのかを考えてください。

●版権物の場合

ゲーム会社で働いていると、マンガやアニメを原作にしたゲームを開発することになる場合もあると思います。いわゆる「版権物」といわれるものですが、これもテーマから発想するケースです。

版権物の場合、その原作のファンがどうしたら喜ぶかが最も重要ですが、同時にその原作の設定や特徴などがあるからこそ存在し得たゲーム性を追求したいものです。この場合でも、やはりまず初めにその原作の持つ要素のなかから「気持ちいい」を見つけることが先決です。そこからまず「遊び」を構築し、「ゲーム」にしていくのです。

以前バンダイから発売された「ウルトラマン」のゲームがありました。このゲーム、当時大ヒットしていた「ストリートファイターII」を模して、怪獣との対戦格闘ゲームになっていました。しかし決定的に違っているところがあったのです。それは、敵の体力を0にしてもK.O.にはならないということです。投げ飛ばしたり、チョップやキックをしたりして敵の体力を0にしたら素早くスペシウム光線を発射しないと敵は倒せません。テレビのウルトラマンは必ず最後はスペシウム光線でとどめを刺すのが決まりでしたからね。この仕様が「ストII」とは違ったスリルを生んでいました。しかしこれは「ウルトラマン」だからこそ納得のいく仕様なわけで、倒した瞬間の「気持ちいい」は独自のものでした。

●「右脳の達人　爽解！まちがいミュージアム」の場合

テーマから考え始めて製品化されたものに、私が企画、プロデュースした「右脳の達人　爽解！まちがいミュージアム」があります。

「右脳の達人 爽解！まちがいミュージアム」
©BANDAI NAMCO Entertainment Inc.

この製品は、ニンテンドーDSの上下の画面に絵が表示され、これを見比べて1か所だけあるまちがいを見つけて、その部分にタッチペンで○を描くというゲームです。

そもそもこのアイデアを考えたきっかけは、新聞の勧誘でした。当時、わたしは朝日新聞を購読していて、毎週土曜日に入ってくる「be」というページのクイズコーナーを楽しみにしていました。特に月に1回あるまちがいさがしの問題が好きだったのです。

ところがある日、読売新聞の勧誘員に根負けして半年契約で購読することになったのです。しかし読売新聞にはまちがいさがしのコーナーはありませんでした。

ちょっとがっかりしたわたしは、次の瞬間、それなら自分で創ればいいんじゃないだろうかと思ったのです。早速会社で企画書を書き始めました。しかしその時はまだDSは存在しておらず、PlayStationの企画として考えていました。ネットでいろいろと調べてみると、まちがいさがしは右脳を活性化する効果があるらしいことがわかってきて、付加価値として右脳を鍛えられるということを加えるのと、当時ナムコのゲームセンター用の製品群で「料理の達人」「太鼓の達人」がシリーズ化されていたので達人シリーズにしようと思って、「世の中みんな間違ってる！右脳の達人」というタイトル名にしていました。

PS版の企画書では、テレビの画面に左右に並べた絵を見比べてまちがっている箇所にカーソルを合わせて○ボタンを押すといった操作を考えていました。しかし、なかなか「気持ちいい」になりません。「気持ちいい」にならなければアイデアとしては不十分です。だからしばらく保留にしていました。

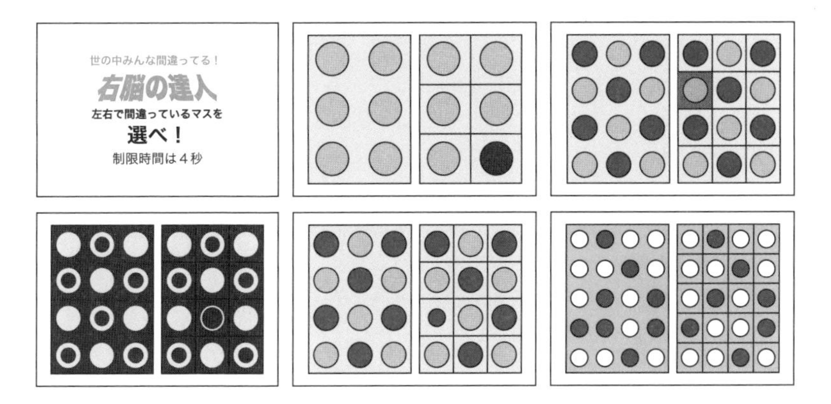

そんなある日、任天堂からニンテンドーDSが発表になったのです。このハードには画面が2つ付いていて、下の画面はタッチペンで描く操作ができるというのです。

その瞬間、2画面を見比べて、まちがっている箇所をタッチペンで○を描いて囲むという操作が頭の中で動画として浮かびました。これは「気持ちいい」と思ったのです。しかも上下の画面がぴったりくっついているのではなく、少し間が開いていることが、連続した2画面として使おうとすると欠点になるけれども、まちがいさがしにとってはかえってメリットにもなると思いました。

そうしてまちがいさがしの「気持ちいい」を見つけた後は、それがどのようなテンポで行なわれるともっとも気持ちいいか、いろいろ考え続けていました。そんな時、任天堂のゲームボーイアドバンス版「まわるメイドインワリオ」を遊んだのです。

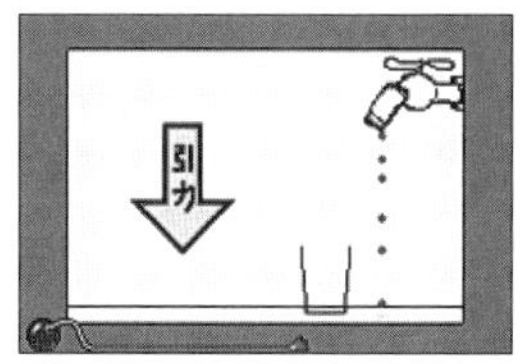

「まわるメイドインワリオ」©2004 Nintendo

「メイドインワリオ」シリーズというのは5秒毎にミニゲームが出題され、咄嗟に操作方法を見抜いてクリアしていくというゲームです。この「まわるメイドインワリオ」は回転センサーを内蔵したカセットで、回転を利用したゲームを集めたものでした。ひとつひとつはすごく単純なミニゲームなのですが、それが5秒おきに次々出題されると焦ってミスしてしまったりするのです。このテンポがぴったりだと感じました。

そこでタッチペンで○を描いてまちがいを囲むという「気持ちいい」と「メイドインワリオ」を組み合わせてみたわけです。すると**『簡単なまちがいさがしの問題が、次々に出題され、すばやくまちがいを○で囲むゲーム』**に行き着きました。

この製品のアイデアがまとまるまでの流れをもう一度整理してみましょう。

① 新聞の土曜版の「まちがいさがし」 …テーマ
② PS を想定して企画書作成
③「まちがいさがし」は右脳の体操
④ ニンテンドー DS の登場
⑤ タッチペンで○を描いて囲む …気持ちいい
⑥「メイドインワリオ」と組み合わせ …テンポ
⑦ 次々に出題される「まちがいさがし」 …コンセプト

このようにこの企画は「まちがいさがし」という「テーマ」から考え始めましたが、そのテーマに沿った「気持ちいい」を見つけることが先決です。それが見つかったなら、「気持ちいい」が最大化する「テンポ」を考えます。それが決まれば「コンセプト」がはっきりします。

ここまで固まれば後はコンセプトに沿ったアイデアを膨らませていけばいいわけです。

「右脳の達人 爽解！まちがいミュージアム」©BANDAI NAMCO Entertainment Inc.

つまり、まちがいさがし自体は簡単なのに次々に出題されるために焦ってしまう要素がもっとあれば、コンセプトはより豊かになるわけです。そこでスタッフでアイデア出しをしました。マイクに息を吹きかけると反応する仕掛けを利用して、下画面が葉っぱで隠れているのを吹き飛ばしたり、スクラッチのようにこすると絵が出てきたり、スポットライトを動かして探したり、スライドを動かしたり、入れ替わっていたり、マイクに向かって「ワン」と言うと音声認識で反応してヒヨコが逃げ出して絵が現れたり、横に自動スクロールする中、複数のまちがいがある問題だったり…。

これで十分製品として成立するアイデアにまとまりました。

4-2-2　コンセプトから発想する

コンセプトというのは「何を楽しんでもらうのか？」ということですから、ゲームの内容そのものです。だから通常はいろいろ考えた結果、見えてくるものだと思います。

しかし、楽しんでもらいたいことははっきりしていて、でもその方法がいまひとつ見えていない、なんてこともあるかもしれません。そんな時でもやはり最初にやるべきことは「気持ちいいを見つける」ということなのです。

●「ミスタードリラー」の場合

「ミスタードリラー」は企画者がある日、子供が砂場で棒倒しをやっているのを見て、その中に自分がいたら恐いだろうなと思ったのが発想のきっかけでした。

つまり雪崩の中に自分が操作するキャラクターがいるという状況を「恐い」(＝気持ちいい)と感じ、これを楽しんでもらいたいと考えたのです。それにはどうなっていればいいか、彼は考え続けました。そしてこの雪崩現象をゲームのルールで創れないかと考えた結果、落ち物パズルの連鎖が使えると気付き、システムが出来上がっていきました。

そういう意味では「ミスタードリラー」は雪崩の中で右往左往するスリルを楽しんでもらいたいという「コンセプト」から考えていった企画だとも言えるでしょう。そしてその中心にはやはり「気持ちいい」があったわけです。

●「ハッピーダンスコレクション」の場合

Wii用ソフトとしてダンスゲームをプロデュースしたことがありました。そもそもこの企画は入社２年目のビジュアルの女性スタッフが企画したものでした。彼女には姪っ子がいて、その子を喜ばせたいというのが企画動機でした。

彼女の当初の企画案は、Wiiリモコンの頭にハートのオブジェの付いたスティック状のカバーを付けて「魔法ステッキ」にして魔女っ娘ごっこをするというものでした。姪っ子は魔女っ子のアニメが大好きで、Wiiリモコンを魔法ステッキにして画面の中で魔法が使えたら喜ぶだろうと。

この場合、姪っ子が魔法ステッキを振って魔法が使えることで喜ばせたい、というコンセプトですね。もっともこの時点では実感として「気持ちいい」はまだ見えていませんでしたし、コンセプトとしては「遊び」にも「ゲーム」にもなっていないので不十分でした。しかし、この後彼女の積極的な行動から、このコンセプトは変化していきます。

まずある月刊少女漫画雑誌の編集部にヒアリングに行きたいと言います。「おう、行け！行け！」という感じで背中を押すと、数日毎に行動しては報告をしてくれました。そして編集部から帰ってきた彼女はこんな報告をしたのです。

「月刊少女漫画雑誌の編集部にヒアリングに行ったら、ここの読者は魔女っ子が好きな年代よりもう少し上なので、魔法ステッキよりアイドルが好きですよ、って言われました」

そこで考えた企画書というのを見せてくれました。

『魔法＋ダンス＋アイドル』

曲に合わせてダンスをしてアイドルを目指す魔女っ子のゲームでした。しかし、それを見ているうちにふと違和感を覚えたのでした。何か「魔法」が邪魔だなぁ。

もともと魔法ステッキからスタートした企画だったので、それが名残として残っていたわけですが、既にアイドルを目指すダンスゲームという方がしっくりくるアイデアになっているのに魔法が残っている事で違和感があったのです。

そんな話をした数日後、彼女からメールでダンスゲームの企画書が届き、そこにＵＲＬがあって、クリックしてみるとムービーがアップしてありました。ムービーを再生してみると、そこにはプリキュアの主題歌に合わせてWiiリモコンを持って踊りまくる彼女が映っていました。

「何て楽しそうなんだ…」

そう思いました。音楽に合わせてダンスを踊る、というより簡単な振り付けで体を動かしているだけなんだけど、それが何とも楽しそうに見え、これこそが「気持ちいい」だと思いました。

こうして姪っ子を喜ばせたいという動機から始まったこの企画は、Wii リモコンを振って音楽に合わせて踊るダンスゲームになりました。次に実際に Wii リモコンでダンスの認識がうまくできるものかどうかの技術検証に入り、目途が立ったところでプロジェクト化されました。

それではこの製品がまとまるまでの流れをもう一度整理してみましょう。

① **姪っ子を喜ばせたい　→　魔法ステッキで魔法を使う**　…コンセプト
② **月刊少女漫画雑誌の編集部のアドバイス　→**　魔法よりアイドル
③ **魔法ステッキでダンスを踊るアイドル**　…コンセプトが変化
④ **プリキュアの主題歌に合わせて Wii リモコンを持って踊るムービー**　…気持ちいい
⑤ **Wii リモコンを持って音楽に合わせて踊るダンスゲーム**　…最終的なコンセプト
⑥ **技術検証**　…システム

「ハッピーダンスコレクション」
©BANDAI NAMCO Entertainment Inc.

この場合、姪っ子というターゲットがブレていないので、姪っ子が一番喜ぶのは何か？　ということを追及した結果、コンセプトが変わって行きました。

そしてこの企画にゴーサインを出す決め手はやはり④の「気持ちいい」が見つかったことなのです。そこから本当にそれが実現できるのかを検証するため試作をし、システムを確立して初めてプロジェクト化されたわけです。

4-2-3　システムから発想する

初めに技術があって、そこからアイデアを発想することもあります。

開発部では将来使えるかもしれない技術について、常に研究している部門があります。ここで開発された技術を活かした企画が求められることもあるのです。それは他社ではまだ存在しない技術だったり、既に存在している技術の問題点を解消した技術だったりします。それを活かした上でおもしろい企画ならば、他社に先んじて製品化することで優位に立つこともできるのです。この場合は、その技術を使うことで今までにない「気持ちいい」が実現できないかを考える必要があります。そう、ここでも最初にやるべきことは「気持ちいいを見つける」ということなのです。

●「トレジャーガウスト　ガウストダイバー」の場合

当時ナムコの研究部で研究していたものにニンテンドーDSで受信した電波を読み替えて何かを生成する技術研究があったのです。

そしてこの技術をおもしろがって企画を立てた企画者がいました。彼はDSを持って街中を歩き回って「おばけ」を探すゲームの企画書を持ってきて、わたしがプロデューサーを務めることになりました。

つまりこのDSで受信した電波から何かを生成するというシステムから発想して、街中にいる目に見えない「おばけ」を探し、ある場所に行くと見つかる「驚き」という「気持ちいい」に着目したわけです。

さてこのころ、ナムコとバンダイの経営統合が決まっていました。そんな中、バンダイのボーイズトイ事業部から発売されているトレジャーガウストというおもちゃとのタイアップの話があって、ちょうどよさそうな企画があるという事で白羽の矢が立ちました。そのおもちゃは、方位磁石と時計を内蔵し、目にはみえないガウストという怪物を、そのマシンの透過液晶を通じて見回すと見つける事ができて、釣りのリールが付いているので、それで釣り上げるという物でした。なんとも相性のよい内容だぞ！　と思いました。

そこでテーマを「トレジャーガウスト」にし、プレイヤーはガウストダイバーの隊員になって、ニンテンドーDS本体を隊員の持つ通信端末に見立ててガウストを捕獲し、作戦を遂行していくというコンセプトができました。

この目に見えないガウストという磁幽霊は、人間界のいたるところにいて、いたずらを仕掛けてくるという設定で、例えば靴ひもがいつの間にかほどけているのも、家の鍵をかけ忘れた気がするのも、すべてガウストの仕業なのです。

後はその設定を膨らませるストーリーとバトル、収集、育成の要素を絡めてアイデアを膨らませていきました。今考えると「妖怪ウォッチ」と「ポケモンGO」を合わせたような企画だったんですが、10年程早すぎました。

この製品のアイデアがまとまるまでをもう一度整理してみましょう。

① DS で受信した電波から何かを生成する技術研究　…システム
② 街を歩き回って DS で見えないおばけを捕まえる　…気持ちいい（びっくり）
③ バンダイとの経営統合
④ トイ事業部「トレジャーガウスト」　…テーマ
⑤ ガウストダイバーの隊員になって端末でガウスト捕獲　…コンセプト
⑥ DS を端末に見立てて演出
⑦ バトル、収集、育成要素を盛り込む　…システム

このようにシステムがあってアイデアを考える場合でも、やはり最初にやるべきことは「気持ちいいを見つける」ということなのです。後はそれを最大限活かせるアイデアを考えていくということです。

まとめ

Chapter 4　アイデアの 3要素から「気持ちいい」を考える

- 「核になるアイデア」は「テーマ」「コンセプト」「システム」が絡み合ってできている
- 「核になるアイデア」に最も適したテンポが加わって初めて「気持ちいい」になる
- アイデアを考え始めるきっかけは「テーマ」「コンセプト」「システム」から考えても構わないが、その場合でも最初にやるべきことは、まず「気持ちいい」を見つけること

コラム

「気持ちよさ連鎖パズル　トリオンキューブ」の逆転の発想

世の中には常識があります。「こういうことはこういう風になっているのが普通」という多くのものに共通する要素です。ゲームのジャンルにも、そのジャンル特有の常識が存在します。ロールプレイングゲームには経験値があって、お金があって、武器や防具を買って装備するという要素は大抵あるものです。アクションゲームといったら、ジャンプしたり、空中に配置されたアイテムを取ったりするものです。でもこれは絶対ではありません。逆にそれを疑ってかかることでアイデアを思い付くことだってあり得るのです。

あえて逆にしてみることで、何かむしろ良くなったり、変化したり、今までできなかったことができるようになったりしないかを考えるのです。そしてその時初めて生まれる「気持ちいい」を見つけるのです。

「トリオンキューブ」
©BANDAI NAMCO Entertainment Inc.

「トリオンキューブ」という、いわゆる落ち物パズルゲームをプロデュースしたことがありました。

当時わたしのところによくアイデアを提案しに来てくれる企画者がいたのです。そして彼がすごいのは、会社では与えられた仕事をこなし、家に帰ってから独学でフラッシュを勉強して、自分で考えた企画を遊べるサンプルとして創って持ってきたのです。

それは四角３つで構成されたブロックが降ってきて、それを回転させて積んでいく、いわゆる落ち物パズルといえるものでした。ただ、その趣向がちょっと違うのです。

普通、落ち物パズルは揃えて消すのが目的で積み上がったらＮＧですが、この企画は積み上げるのが目的で消えるのがＮＧなんです。

ブロックを積んでいって、３×３の正方形ができると「アクティブ」な状態になります。続けて３×３ができなかったり、ブロックを積まないで一定時間経過したりするとコインに変わって消えて崩れます。しかし次のブロックで新たな３×３を作り続ける限り「アクティブ」な状態が続きます。

だから一度３×３を作ったら、次々と降ってくるブロックで途切れなく３×３を作り続けるというゲームなのです。普通の落ち物パズルでは「連鎖」が気持ちいいですが、しかし連鎖を作るのは結構難しいし、なかなか連続しません。でもこのゲームは「連鎖」を連続させるのは結構簡単にできるけど、それを連続させ続ける事で成り立っているのです。

これが何とも「気持ちいい」んです。

これはいわゆる落ち物パズルの常識を逆転させたアイデアだと思いました。しかもその連鎖を創り続けることが新鮮な「気持ちいい」を生み出しているのです。

「気持ちいい」を既存のゲームと組み合わせる

見つけた「気持ちいい」を新しいゲームのアイデアにまで育てるために、既存のゲームと組み合わせてみるのです。
ここでは既存のゲームを利用したアイデアの発展のさせ方を紹介します。

「気持ちいい」を組み合わせる

ここまで「気持ちいい」ことから「遊び」を考え、それを「ゲーム」にするために「課題」や「目的」を考えてきました。いかがでしたか？　ちょっと難しかったでしょうか？

遊びを一から考えるのはプロでもなかなか大変です。まえがきで書きましたが、わたしは就職するまでほとんどゲームを遊んでいませんでしたし、ゲームのアイデアを考えたこともなかったので、いきなり一から遊びを考えるなんて到底できませんでした。

当時テクモという会社は全社員が200名程の中堅企業でした。その中で開発部は20名程で、企画メンバーは課長1名とその部下がわたしを含めて4名の計5名しかいませんでした。ですから、新人といえどもひとり1、2本のゲームのディレクターをするしかありません。遊びを考えるなんてできません、とは言っていられない状況だったのです。

そこでわたしがどうやってアイデアを考え、発展させていったのかをお話ししてみようと思います。まずはその方法を解説し、その後で具体的な例を挙げて説明していきますので、とりあえず通して読んでみてください。

5-1-1　おもしろいゲームに共通すること

さて、わたしが初めに考えたのは、やはり「気持ちいい」でした。ゲームの中でどんなことができたら気持ちいいのか、どんなことが起こったら気持ちいいのか、日々考えました。そのためにいろいろなゲームで遊んでみて、そのゲームの何が気持ちいいのかを分析したりもしました。それは遊んでいて「気持ちいい」と心が感じた瞬間の操作感を体で覚えていくような感じでした。そうして蓄積された感覚は、とても身になったと思います。ただ楽しむためにゲームで遊ぶのと、そのゲームの楽しさ、気持ちよさの要因は何なのかを探りながら遊ぶのとはまったく違っています。あなたにもぜひ実践してみることをお勧めします。

そして、この時気付いたことは、おもしろいゲームに共通することは、その基本操作をしているだけで気持ちいいということです。それはたとえクリアできなくても、その操作をしていること自体が気持ちよくて、楽しいのです。「スーパーマリオブラザーズ」は何度も何度も谷に落ちたり、敵に触れてしまったりしてやられてしまいますが、とにかくジャンプしながらフィールドを駆け抜ける時、ワクワクする高揚感やヒリヒリするスリルを感じ、心が揺さぶられます。これが「気持ちいい」なのです。だからこそ「スーパーマリオブラザーズ」は何度やられても、もう1回チャレンジしたくなってしまうわけです。

というわけで、こうして「気持ちいい」ことを見つけたら、次にその気持ちいいことが起こる「ゲームの操作」をイメージします。そしてそれがただ操作しているだけでも「気持ちいい」ものであるかを確認します。ここで操作しているシーンをイメージした時、その「気持ちいい」にならなければ、その操作が合っていないのでやり直しです。とにかく操作しているだけで気持ちいいになるまで考え続けます。コントローラーのどのボタンを使ったらいいのか、連打なのか長押しなのか、アナログなのかデジタルなのか、または専用の特殊コントローラーが必要なのか、VRなのかなど、いろいろな操作パターンを想像してみるのです。もちろん「動画」で！

5-1-2 その「気持ちいい」があるとどんな「イイコト」があるか

「気持ちいい」が見つかったなら、それがあることでどんな「イイコト」があるか？　を考えます。つまりそれによって変わること、良くなること、できるようになることをできるだけたくさん書き出すのです。

他のゲームではできないことが、この「気持ちいい」があることでできるようになることは何か？　それができると「遊び」がどう変わるのか？　ということを考え続けます。こうして考えていくうちに、それがどうなれば成功ということなのかが見つかれば「目的」が、そのためには何をうまくやる必要があるのかが見つかれば「課題」が見えてきて、「ゲーム」になります。とはいえ、いきなり新しいゲームの「目的」や「課題」が見つかることなんてなかなかあるものではありません。そんな時は、あの言葉を思い出してください。

「アイデアとは既存の要素の新しい組み合わせ」

つまり、すでにゲームとして成立している既存のゲームで、自分が見つけた「気持ちいい」があることで「変わること」の要素と似た要素を持つゲームと組み合わせてみるのです。それらはすでに「目的」や「課題」が成立していて、ゲームになっているわけですから、その枠組みを利用すれば、少なくともゲームにはなるはずです。

後は新しく見つけた「気持ちいい」が加わることで、既存のゲームにはない要素が生まれ、違う「ゲーム」になりさえすればいいわけです。そう考えるとできそうな気がしてきませんか？

えっ？　それはパクリじゃないのかって？　いやいや、パクリではありません。パクリというのはそのゲームの独自性を構成する要素がまったく同じ場合のことです。おそらくそれはそのゲームと「気持ちいい」が同じなのではないでしょうか？

しかしここではまず「気持ちいい」を見つけ、それがゲームの中心になるようにするわけですから参考にした既存のゲームの中心にある「気持ちいい」と違っていれば、それは別のゲームだと言えるはずです。

5-1-3 「普遍的な要素」と「独自性の要素」

Chapter2のゲームの分析のところで、既存のゲームの要素を書き出して、それを分類したのを覚えていますか？　要素を書き出した後、その「ゲームの独自性を形成する要素」と、その「ジャンルの普遍的な要素」と、「核を膨らませるアイデア」とに分類しましたよね？

「気持ちいい」が見つかって、それを既存のゲームと組み合わせてみた時、このゲームの分析、分類が役に立つのです。

あなたが見つけた「気持ちいい」を既存のゲームと組み合わせてみた時、その既存のゲームを構成する要素のうち、取り入れるべき要素を考えます。言い換えればどの要素を残すのかということです。そしてそのゲームの独自性を形成する要素を取り入れる際、自分が見つけた「気持ちいい」があることで、何か「イイコト」はないかを考えてほしいのです。まったく変わらないとしたら、それは既存のゲームそのものですからね。

例えば「スーパーマリオブラザーズ」が大ヒットして以来、その「Aボタンを押している時間でジャンプの高さが変わる」ことや「Bボタンダッシュ」「敵を踏むと倒せる」という仕様を一部、または全部取り入れたゲームが数多く創られました。しかしそれはほとんど「スーパーマリオブラザーズ」の遊びと変わらないものでしたし、むしろ「気持ちいい」が足りない、劣化版と言ってもいいものばかりだったのです。

次にそのジャンルの普遍的な要素は入れても問題ありません。一部の要素をあえて入れないというのも一興です。いずれにしても、組み合わせたゲームと同じジャンルのゲームにはなるでしょうから。

そしてそのゲームの核を膨らませるアイデアですが、これはとりあえず保留にしておきましょう。あなたの見つけた「気持ちいい」にあっていれば入れればいいでしょう。その場合、元のゲームとは別の意味を持つかもしれませんし、派生して別の仕様だって思い付くかもしれませんから。

こうして既存のゲームと組み合わせた時、取り入れた同じ要素について注目します。

5-1-4 同じ要素だけでもゲームになっているか

この同じ要素だけでも、とりあえず「ゲーム」になっているかどうかを検証します。

例えば「スーパーマリオブラザーズ」の要素のうち、次のものだけを残したとしたらどうでしょう？

- サイドビュー
- 十字ボタンで走る
- 走るとスクロールする
- Aボタンでジャンプ
- 地形を攻略する
- ゴールまで行くのが目的

これだけの要素があれば、とりあえず横スクロールアクションの「ゲーム」にはなりそうです。つまり十字ボタンで走っていって、地形を攻略するためにうまくジャンプして敵を避けたり、崖を飛び越えたりしてゴールを目指す「普通の」アクションゲームです。つまりこうなっていれば「ゲーム」は担保されているわけで、とりあえず「ゲームになっていない」ということにはならないですよね？

しかし、もしあなたの見つけた「気持ちいい」と組み合わせた時、この同じ要素だけでは「ゲーム」として足りない場合には、新たな要素を付け加える必要があります。

例えば「太鼓の達人」です。このゲームの開発にあたって、まず初めに見つけた「気持ちいい」はおそらく「太鼓を叩く」ということでしょう。とにかく太鼓を叩くことは気持ちいい。これは良さそうです。それを当時大ヒットしていたリズムゲーム「ビートマニア」と組み合わせてみたとしたらどうでしょうか？　まず「ビートマニア」のゲームの要素を書き出してみます。

- 曲に合わせて上から下へ音符（ノート）が流れてくる
- 画面下部の赤いラインに重なった瞬間にボタンを押す
- 5つのボタン
- ターンテーブル
- クラブのDJがモチーフ

これに「太鼓を叩くと気持ちいい」を組み合わせてみます。すると「ビートマニア」の独自性であるDJのシミュレーター的な要素は合わないので排除すると、

- 曲に合わせて音符が流れてくる
- あるラインに重なった瞬間に太鼓を叩く

となります。しかしこれでは音符がラインに重なった瞬間叩くだけなので、ほぼ誰でもできてしまうでしょう。「ビートマニア」の場合は5つの音符に対応した5つのボタンがあり、さらにターンテーブルを回すという操作が加わって、初めて「ゲーム」が成立しています。思い出してください。Chapter4で述べたように、ゲームの課題は「うまくできたり、できなかったり」する必要があるのです。つまり「太鼓を叩く」だけでは「ゲーム」としては不十分ということになります。

そこで「うまくできたり、できなかったり」する要素を足すことになります。それが「太鼓の達人」の場合では、太鼓の中心部を叩く「ドン」と太鼓の周辺部を叩く「カッ」になるのです。これによって正確に打ち分けなければならないので「うまくできたり、できなかったり」するわけです。

このように組み合わせた時、同じ部分だけでは「ゲーム」になっていない場合はアイデアを足す必要があります。

5-1-5　既存のゲームと違う独自性の要素

次に既存のゲームと違う要素について見ていきます。これは主に、組み合わせた「気持ちいい」になります。この「気持ちいい」が既存のゲームにはない要素ですから、まさにこれが本企画の独自性になるわけです。

さて、ここからが重要です。

この「気持ちいい」が加わったことによって一体どんな「イイコト」が生まれたのでしょうか？　あなたが見つけた「気持ちいい」を加えたことで、今までのゲームとは何か変わったところはないか？　を考えます。例えば敵を倒すのではなくて、捕まえて増やすゲームになったなどのようにゲームの目的が変わったとか、同じく敵を倒すのでも、その手段が変わっているとか、テンポが変わるとか、同じ行為であってもその意味が変わるとか、ゲームの攻略法が変わるとか、スリルが変わるとか、とにかく何か変わる部分がないかを考えるのです。

またはこの「気持ちいい」があることで、元のゲームではできなかったことができるようになったりはしないか？　を考えます。例えば今まで１匹ずつしか倒せなかった敵をまとめて一気に倒すことができるようになるとか、敵を倒さずに持ち歩くことで利用できるようになるとか。そしてそれができるようになったことで、新たに楽しめることが加わったり、根本的に違う楽しみ方が生まれたりしないか？　を考えるのです。

もしくはこの「気持ちいい」があることで、元のゲームでは問題になっていたことや不満だったことが解決したりして良くなることはないか？　を考えます。そしてそれが解決することで、ゲームの目的や手段、楽しみ方や攻略法などが変わった部分がないかを考えるのです。

ここで「変わること」「できるようになること」「良くなること」のような「イイコト」が無ければ、この組み合わせはうまくいきそうにありませんから、別の組み合わせを考えましょう。もし「イイコト」があったら、それがあることで一体どういう「ゲーム」になるのかを考え続けましょう。

それこそが本企画の独自性なのですから、あとはこれをどんどん伸ばしていけばオリジナルのアイデアになる可能性があるということです。

5-2 ケーススタディ「ジェミニウイング」

さて、ここまで「気持ちいい」を既存のゲームと組み合わせて考える方法を説明してきましたが、やはり具体的な話でないとわかりにくいと思いますので、わたしがディレクターを担当したシューティングゲームをケーススタディにして説明してみようと思います。

それは「ジェミニウイング」という業務用（ゲームセンター用）のゲームです。

5-2-1 ジェミニウイングの「気持ちいい」

このゲームは縦画面で縦スクロールのトップビュー型のシューティングゲームでした。プレイヤーはガンシップと呼ばれるマイシップを操り、敵の昆虫軍団を撃って倒しながら進み、各ステージ最後に待ち受けるボスを倒して、最終的にラストのボスを倒すのが目的です。このゲームの最大の特徴は、マイシップのお尻にガンボールというパワーアップウェポンをぶら下げていることです。マシンガンの弾のように繋がっていて、最大 15 個のガンボールをぶら下げて飛ぶことができます。このガンボールは球状をしていて、マイシップを動かすと数珠繋ぎになって後についてきます。

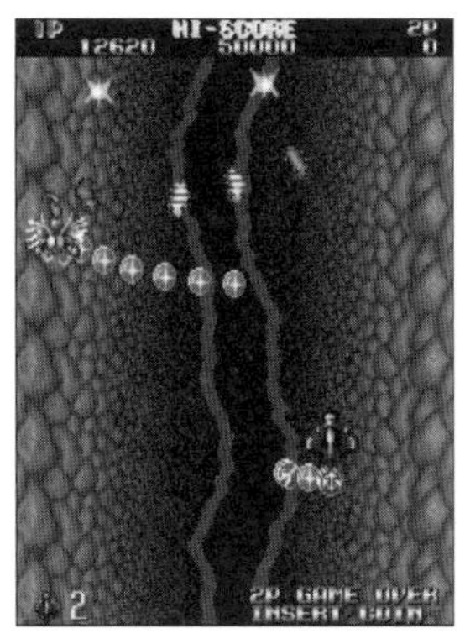

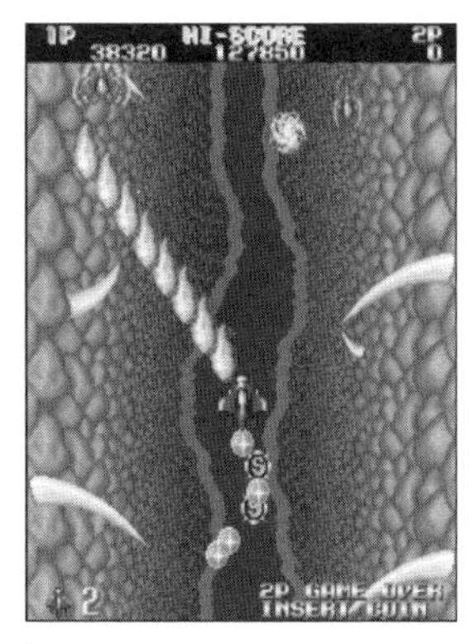

さて最初にこのアイデアを考え始めた時、わたしが頭の中で想像していたのはマイシップを画面中グリグリ動かすと球がついてくる映像だけで、他には何も考えていませんでした。とにかくその動きが「気持ちいい」と思った、それだけだったのです。

この時点では遊びでもゲームでも何でもありません。とにかくマイシップを操作して後を球がついてくるのが「気持ちいい」ということだけです。アイデアの発端はそれで構いません。遊びになっていなくても、ゲームになっていなくてもいいんです。とにかく「操作しているだけで気持ちいいこと」を見つけましょう。

そしてその頭の中に浮かんだイメージを絵に描いてみたのです。

この時点では8方向レバーで360度移動するイメージでした。そして後ろにぶら下がっている弾を1発ずつ撃って敵と戦うアイデアでした。

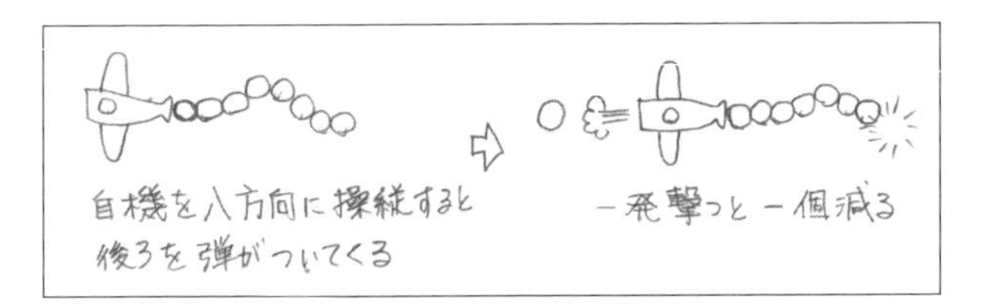

5-2-2　既存のゲームと組み合わせてみる

こうして考えた「気持ちいい」が存在するアイデアの種を、既存のゲームと組み合わせてみるのです。そして、既存のゲームの一部の要素をヒントにしたり、「気持ちいい」を組み合わせたりしたことで、何か変わったことやできるようになったこと、良くなったことのような「イイコト」がないかを考えてみるのです。

●似た要素を持つゲーム

そこでわたしは、この後を球がついてくる「気持ちいい」に似た要素を持つ既存のゲームについて考えました。それは「フリッキー」というゲームでした。

このゲームは図の様にサイドビューのゲームで、フィールドにいるヒナたちをプレイヤーの親鳥が拾って歩いて出口まで連れて行くという内容です。触れるとヒナが親鳥の後を数珠繋ぎでついてきます。親鳥をジャンプさせると後について次々にジャンプするのが可愛いし、気持ちいいのです。

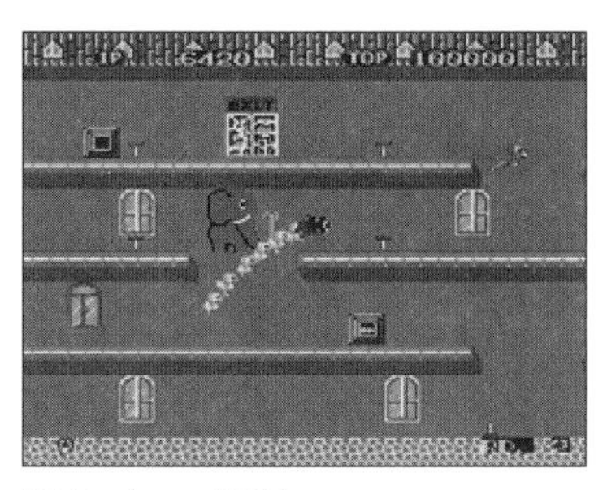

「フリッキー」©SEGA

そして敵はネコで、プレイヤーの邪魔をして追いかけてきます。そしてヒナの列を横切るとそこからヒナは途切れてしまい、バラバラにばらけてしまって、また集め直さなくてはならなくなるのです。

プレイヤーはネコに捕まらないように避けながらヒナを集め、出口まで全員を連れて行ったら面クリアとなります。ネコに横切られないためには２～３匹だけ連れて小まめに出口に連れて行く方がいいのですが、それでは時間もかかるし、得点も伸びません。できるだけ大勢ヒナを連れながら、ネコに横切られないように操作する必要があるわけです。そのバランスがよく取れていて「ゲーム」になっていました。

ガンボールをぶら下げて飛び回るマイシップの映像が脳裏に浮かんだ時、この「フリッキー」の映像を思い出したのです。そしてネコがヒナを横切ってばらけさせる映像を思い出した時、敵機にぶら下がるガンボールの列を横切って、横取りする映像が浮かびました。

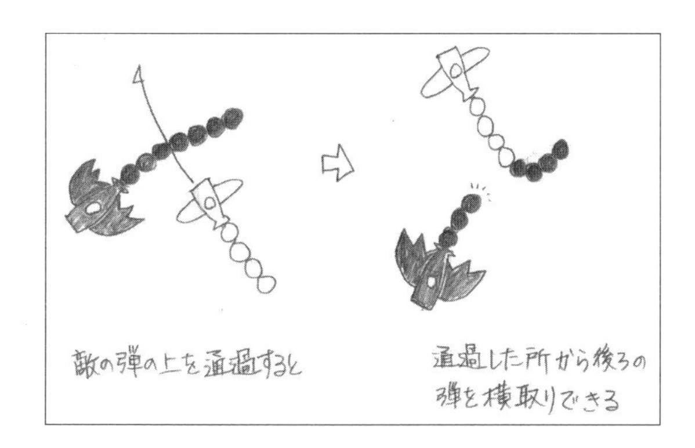

●「スターフォース」との組み合わせ

次に考えたのはこのガンボールをぶら下げて飛び回り、敵とガンボールの取り合いをするアイデアを既存のゲームと組み合わせてみることでした。

なぜかと言うと、ガンボールをぶら下げて飛ぶのは「気持ちいい」と思いますが、それだけではゲームになっていないからです。だったらすでにゲームになっている他のゲームにこの要素を入れてみたらどうかと考えたのです。だってそうしたら、とりあえずはゲームにはなるわけですから。その上で、この新しい要素によって何かしら「イイコト」があって、ゲームが変わればラッキーということです。

その当時テクモには「スターフォース」というシューティングゲームのヒット作があり、その敵の出現方法やデータの作り方などのノウハウがありましたから、自然と縦画面のシューティングゲームで考えました。

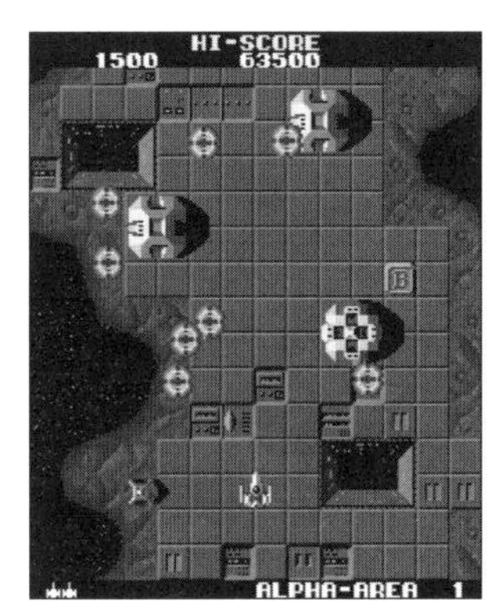

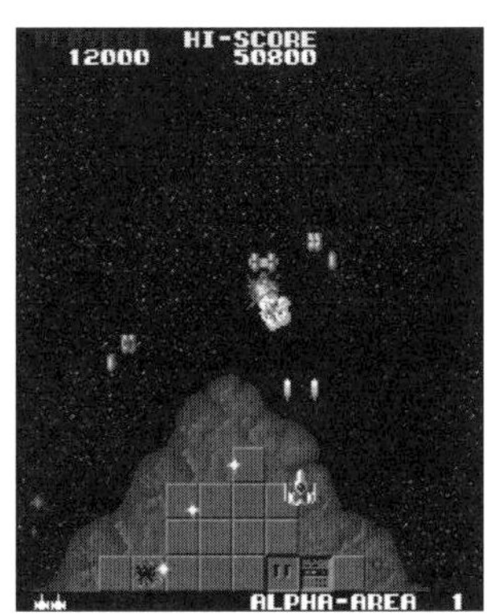

「スターフォース」©1984 コーエーテクモゲームス All rights reserved.

そうして「スターフォース」のマイシップが弾をぶら下げて飛んでいるイメージを頭の中に浮かべます。すると「スターフォース」のガンガン連射して敵を倒していく爽快感とガンボールを大切に 1 発ずつ撃つのを頭の中で「動画」で想像してみると、どう考えてもガンガン連射した方が気持ちいいのです。しかもこの部分は「スターフォース」の基本のゲーム性なのでここを外すとゲームにならなくなってしまいます。

しかしここではガンボールを後ろにぶら下げてグリグリ飛ぶ気持ちよさを組み込みたいわけですから、これらを両立させる方法はないかと考えました。するとガンボールを通常の弾ではなく、パワーアップウェポンとしたらどうだろうか？　という考えが浮かんだのです。

ここで整理すると、通常は「スターフォース」のように通常弾をガンガン連射して敵を倒し、後ろにぶら下げているガンボールはパワーアップウェポンで、要所要所で使うというアイデアになりました。

さて、ここで次に考えることは、「スターフォース」にガンボールが加わったことでどんな「イイコト」があるかということです。つまり「操作しているだけで気持ちいい」ことを、既存のゲームと組み合わせてみたら、何か変わることがないか？　を考えてみるのです。または元のゲームではできなかったことが何かできるようにならないか？　または元のゲームの問題点や課題だったことが何か解決して良くなることがないか？　を考えるのです。

もしこれがなければその組み合わせはうまく行きそうにないので考えるのをやめて、別のゲームと組み合わせてみることになります。なぜかと言うと「アイデアとは既存の要素の新しい組み合わせ」ですが、当然何でも組み合わせればいいというものではないからです。その組み合わせが「アタリ」であることの方が稀なのです。ですから、もっと違う組み合わせをどんどん考えてみるべきなのです。

●「グラディウス」のパワーアップ

組み合わせを考える時は、似た要素を持つ既存のゲームを探すのでしたよね？ 「ジェミニウイング」の場合はパワーアップというキーワードから「グラディウス」というゲームを思い浮かべました。

「グラディウス」とはKONAMIから発売された業務用のゲームで、後にファミコンにも移植された横スクロールシューティングの名作です。このゲームの特徴は、敵を倒すと出現するカプセルを集めることで6種類のパワーアップを装備できることです。そのパワーアップの中でも特筆すべきなのはオプションといわれるマイシップの後をトレースするようについてくる分身です。これを装備すると何とこのオプションからマイシップが装備しているパワーアップウェポンがすべて発射されるのです。これは最大4つまで装備できるので、フル装備するとマイシップの後ろに4つのオプションが並び、そのすべてから地上へ向けたミサイルと前方へのレーザーが発射され、上下にオプションを広げて撃つとほとんど画面全体をカバーするほどの圧倒的な攻撃力となって敵を粉砕する優越感が得られるのでした。

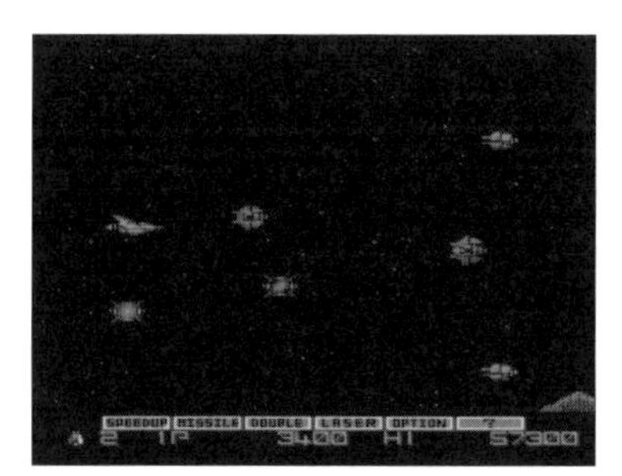

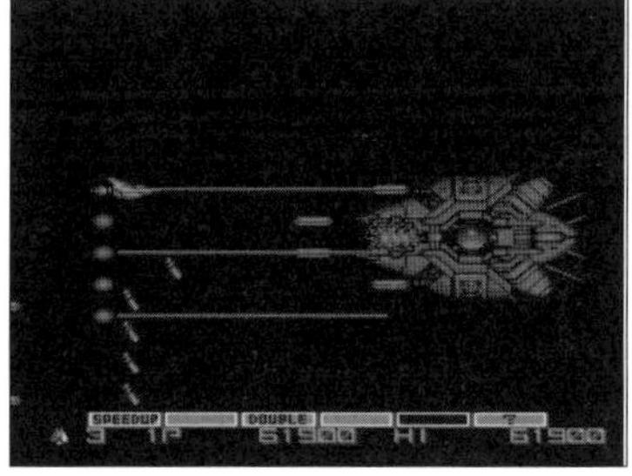

「グラディウス」©Konami Digital Entertainment

わたしも当時「グラディウス」が好きで遊んでいましたが、あまりゲームがうまくないのでせいぜいパワーアップを2～3個付けるぐらいが精一杯でした。だからゲームのうまい同僚の圧倒的なプレイを見ながらいつも羨ましいと思っていたのです。

そんなことを思い出した時、ガンボールだったらゲーム初心者でも最初から圧倒的なパワーアップを使うことができるんじゃないかと思い付いたのです。当時のシューティングゲームにはボムという、使用すると画面内の敵が全滅するアイテムが2～3回だけ使えるという仕様がありましたが、それぐらいの威力を持ったパワーアップをガンボールにして持って行けるようにしたとしても、個数に制限があるし、補充する努力を要するのでゲームバランスは崩れないんじゃないかと考えたのです。

これによって、ゲームがあまりうまくない人は「グラディウス」のような圧倒的なパワーアップを楽しめないという問題点を解決することができるのではないか？　と考えたわけです。

5-2-3 組み合わせたゲームと差別化する

こうして「ガンボールをぶら下げて飛ぶと気持ちいい」ということを「スターフォース」と組み合わせてみた結果、「グラディウス」のような上級者しか楽しめないパワーアップを初心者でも楽しめるようにできるという「イイコト」があるアイデアに至りました。

ここでもう一度整理してみましょう。「ガンボールをぶら下げて飛ぶと気持ちいい」というアイデアを「スターフォース」と組み合わせてみました。その結果、変わらない、同じ部分は何でしょうか？

それは前方から飛んでくる敵を、マイシップを操ってショットで倒すということです。この時点で縦スクロールシューティングのゲーム性はすでに担保されているわけです。つまり「普通の」縦スクロールシューティングゲームにはなるということです。

ここで注意してほしいのは「スターフォース」の要素の中で残した部分と残さなかった部分のことです。

●同じ部分と違う部分

「スターフォース」には他にも特徴的な要素があります。例えば「通常弾で空中の敵も地上物も倒せる」とか「パーサーという高速連射になるアイテムがある」とか「基準数の敵を倒すとステージクリアのボスが出現する仕組み」などの要素です。しかしこれらは「スターフォース」を特徴付けるアイデアであり、独自性なのです。だからこれらを残すと、それは「スターフォース」になってしまうのです。

このように既存のゲームの独自性を形成する要素が何なのか？　という分析をして自分の中に蓄積しておくことは、アイデアを考える際にとても有効なのです。Chapter2 で既存のゲームの要素を書き出して、「独自性を形成する要素」「そのジャンルの普遍的要素」「核を膨らませるアイデア」の３つに分けて整理してもらいましたが、その知識はここで役に立つのです。ですから常日頃からゲームで遊ぶ時に、そのゲームの独自性を形成する要素は何がどうなっていることから生まれているのかを研究するようにしましょう。

それでは違う部分は何でしょうか？

それはパワーアップウェポンをぶら下げて飛ぶことです。それは「スターフォース」にはない操作感です。つまり「スターフォース」にはない「気持ちいい」なのです。

また、任意のタイミングで画面中の敵を薙ぎ払うようなパワーアップを使用できるのも違う部分です。これは「グラディウス」では上級者しか体験できないという問題を解決できますし、他のシューティングゲームでは２～３回しか使えないボムを、補充する限り使えるという、他のゲームではできなかったことができるようになるということです。

こうした他のゲームと違う部分は、この企画の独自性と言っていいでしょう。だとしたら、この違う部分をどんどん伸ばしていけば、おのずと元になったゲームや参考にした他のゲームとは違うゲームになるはずです。当時、わたしはそう考えました。

●２人同時プレイ

また、当時ゲームセンターでは「ツインビー」というシューティングゲームが好評を博していました。それは１台のゲーム筐体にふたりのプレイヤーが並んで座って、それぞれが100円ずつ入れて同時にゲームに参加できるというものでした。ふたりで協力することでゲームを有利に進めることができるのです。これはゲームセンターの経営者としても１台で同時に200円のインカムが稼げるわけですから、大変歓迎されました。なので販売サイドからも２人同時プレイの仕様がほしいと言われました。

ガンボールを敵との間で取り合う仕様は時折ガンボールをぶら下げて登場する敵が出現することで実現していましたが、２人同時プレイになるとお互いのプレイヤー同士でガンボールを取り合ったり、譲り合ったりできるし、協力してガンボールを使ってピンチを切り抜けたりしたら、さらにおもしろいと思いました。そこで２人同時プレイの仕様になりました。

5-2-4　どんなゲームが実現できたのか

こうしてまとめた企画を客観的に見直します。「気持ちいい」ことを入れたことによって生まれた他のゲームとは違う部分によって、一体どんなゲームが実現できるようになったのか？　ということです。

「ジェミニウイング」の場合は**『圧倒的なパワーアップであるガンボールをぶら下げて飛び、それを取り合ったり、協力したりして、うまく駆使して飛来する敵を倒すシューティングゲーム』**というアイデアになりました。これは「ジェミニウイング」だけの特徴ですから独自性と言えます。そしてこれこそが「楽しんでもらいたいこと」に他ならないのですから、核になるアイデアのコンセプトになるのです。

5-2-5　独自のアイデアとして発展させる

さて、これで本企画の独自性が確立したわけですから、ここから先はこの独自性のアイデアがもっともっと活きるようなアイデアを盛り込んでいけば、もっと独自のアイデアになっていくはずです。この企画の場合はガンボールのパワーアップとなりますよね。

ただ、ここで盛り込んでいくアイデアは、必ずしもオリジナリティのあるものでなくても構わないのです。そう、既存のゲームに使われているアイデアでも構いません。だってもし既存のゲームに使われているアイデアを入れたとしても、それをこの企画の独自性のアイデアの元で遊んだことはないからです。それは新しい組み合わせと言えるでしょう？

1
2
3
4
5
6
7
8
9

●ガンボールのパワーアップ

そこでガンボールのパワーアップを考えてみました。これは敵に対して圧倒的に有利なパワーアップであっても構わないわけですから、派手に画面中の敵を一掃できる武器を考えました。例えばマイシップの前でウェーブが横に画面いっぱいまで広がってからそのまま前方に飛んでいくワイドビーム。これは広い場所でザコを一掃するには最適です。また、炎の棒をマイシップの前でワイパー状に左右に振り回すスウィングファイアバー。これは持続時間が非常に長く、その間前方の敵をなぎ倒せる強力な武器です。それから光の輪がマイシップを中心にして渦状に回転しながら広がるスパークハリケーン。これは画面中の敵を一掃できます。敵にぶつかりそうになった瞬間に使えば、同時にそのピンチを回避することもできます。この他に、メリハリを付けるために、もう少し地味な武器もあった方がいいかと思い、単発で貫通性のウェーブを前方３方向に飛ばす３ウェイや、マイシップを中心に８方向に発射して敵を自動追尾するホーミングミサイルを入れました。

それぞれ圧倒的なパワーではありますが、使いどころに工夫の余地があるものにしたいと思って考えました。

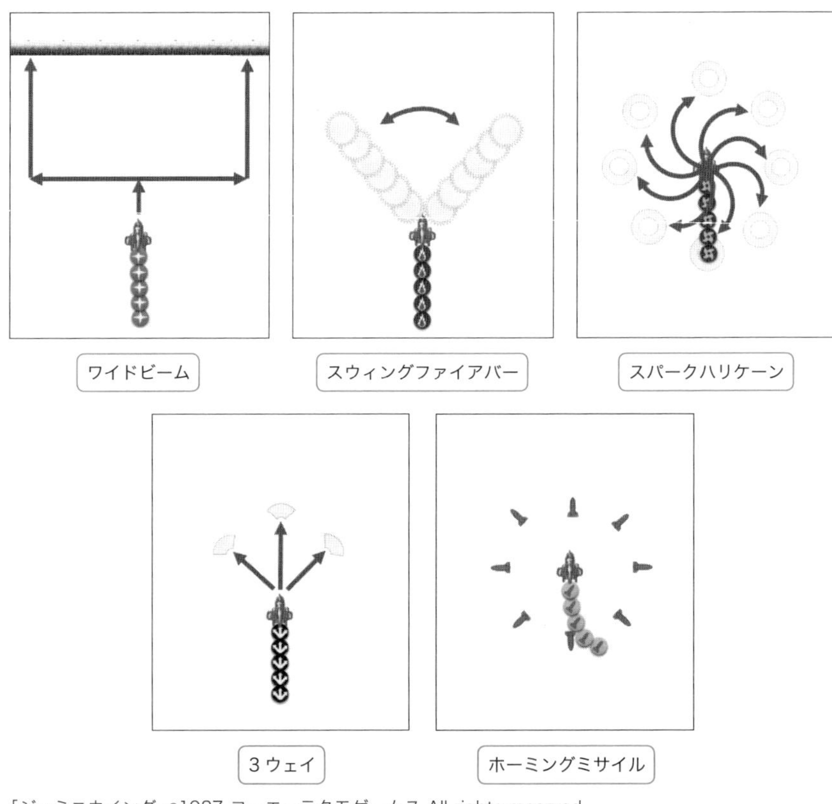

●「R － TYPE」の発表会

そんなある日、他社の製品発表会があるというので見学に行ったのです。そこで見たのはアイレムの「R － TYPE」というシューティングゲームでした。このゲームではフォースと呼ばれる無敵の武器をマイシップの前や後ろに装着したり、発射して分離し離れたところで接触攻撃させたりすることができました。このフォースは敵の弾も防ぐことができるので装着した際はバリアにもなり、そのままフォースを直接体当たりさせてダメージを与えることもできるのです。そしてこのゲームが斬新だったのは、何画面にもまたがり、画面いっぱいに占める程の巨大戦艦との戦いのステージでした。その狭いところで追い詰められつつ、フォースを分離したり、引き寄せたりしながら攻略するのがとてもおもしろいのです。

これを見た時、狭いところをヒリヒリしながら進むのもスリルがあって気持ちいいなと感じました。

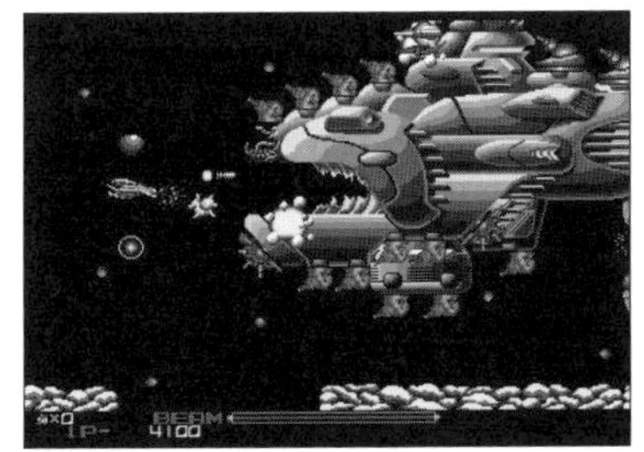

「R-TYPE」©IREM SOFTWARE ENGINEERING INC.

そこで「ジェミニウイング」のステージに洞窟面を入れることを考えました。すると今まで非常に有効だったスパークハリケーンやワイドビームなどが壁にぶつかって消えてしまうのであまり有効ではなくなりました。しかし図のようなシーンではワイドビームが横に広がるのを利用して壁の裏にある砲台を倒すことができるなど使い方に工夫が必要になるというのがいいなと思いました。

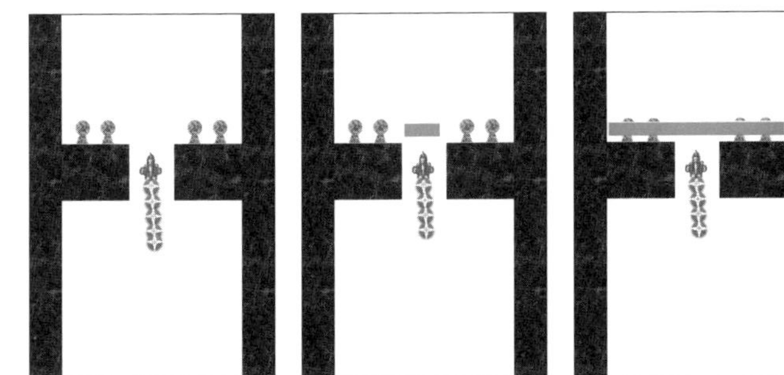
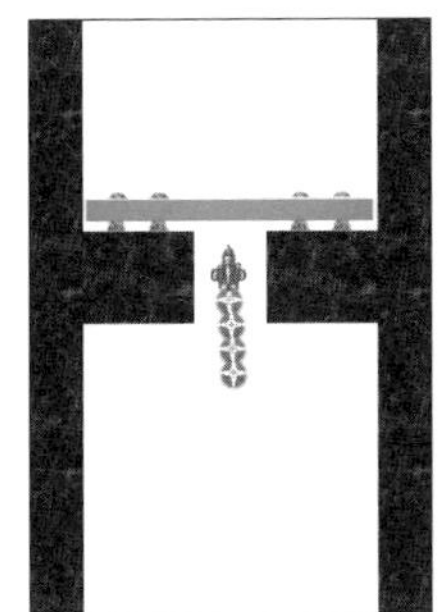

「ジェミニウイング」©1987 コーエーテクモゲームス All rights reserved.

また、その反面少し地味だった3ウェイはむしろ単発で使い勝手が良くなり、ホーミングミサイルは壁のヒットを無視して飛べる仕様にして有効になるようにしました。つまり空中面と洞窟面で有効なガンボールが逆転するようにしたわけです。
とにかくこの企画における独自性はガンボールをぶら下げて飛ぶというところなので、この部分をさらに特徴付ける方向でアイデアを詰めていったわけです。
このように他のゲームの要素を自分のアイデアに入れてみた時に、独自性に関して何かしら違った意味が生まれないか？　という観点で考えます。そうするとその要素は自分のアイデアの独自性をより豊かにするものになるのです。

いかがでしたか？「気持ちいい」ことを他のゲームを参考にしながらその共通点と違いを見つけることで独自性を確立し、そこを活かすアイデアを盛り込んでいくことでアイデアを詰めていった過程がご理解いただけたでしょうか？　もう一度まとめてみましょう。

①「気持ちいい」ことを見つける
② 操作しているだけで「気持ちいい」にする
③ その「気持ちいい」操作を既存のゲームと組み合わせてみる
④ その「気持ちいい」を入れた際、同じ部分と違う部分を分析する
⑤ 違う部分があることによって変わること、できるようになること、良くなることのような「イイコト」はないかを考える
⑥ それがあったらそれが本企画の独自性である
⑦ 独自性を確立したら、客観的に何をするゲームになったのかを確認する
⑧ それが既存のゲームと違っていればよい
⑨ 後はその独自性を活かすアイデアを盛り込んでいく

前に、ゲームを見ながらアイデアを考えない方がいいと書きましたが、「気持ちいい」ことを見つけたらこのようにどんどん他のゲームを参考にしてもらって構いません。むしろ既存のゲームで基本のゲーム性が確立しているところに自分のアイデアを乗せたら、すでにゲーム性は担保されているわけですから、とりあえずゲームにはなっていますよね。「ジェミニウイング」で言えば「スターフォース」のショットで敵を撃って倒す部分です。
しかし「気持ちいい」ことを組み合わせたら変わったことやできるようになったことがあり、それを活かすアイデアを盛り込むことで「スターフォース」とは違うゲームになりました。こうして既存のゲームのゲーム性の上に、自分のアイデアを乗せた結果、違ったゲームになればいいのです。もちろんここで違いがなければ、それは元のゲームと変わりない「ゲーム」なのですからやり直しです。だってそれは元のゲームの改良案に過ぎず、新しいゲームアイデアとは言えないからです。

5-3 ケーススタディ「風のクロノア」

もうひとつわたしがディレクションしたゲームの例で「気持ちいい」を「ゲーム」に発展させる過程を説明してみましょう。

それは「風のクロノア」というアクションゲームです（「風のクロノア」については265ページの解説を参照してください）。

5-3-1 似た要素を持ったゲームと同じ要素

「風のクロノア」の着想段階では、まず初めに「敵を膨らませて捕まえる映像」が頭に浮かび、それが「気持ちいい」と思ったのです。

そして次に「敵を膨らませて捕まえる」とどんな「イイコト」があるのだろう？　と自問したのです。「敵を膨らませて捕まえる」のが中心になるゲームなのですから、いわゆるアクションゲームの敵との戦いでは「うまく敵を捕まえる」ということになりそうです。これは弾を発射して敵を倒すゲームや、敵を殴ったり踏ん付けたりして倒すゲームとは違って、「敵を利用するゲームになること」に気が付きました。

それでは「敵を膨らませて捕まえる」ことで、敵を利用して何ができるようになるだろうか？　と考え続けました。

そこで「敵を利用する」という要素を持った既存のゲームはないか？　と探してみました。すると「星のカービィ」が思い浮かんだのです。

「星のカービィ」はボタンを押し続けると、キュア〜〜〜〜と息を大きく吸って、近くの敵を吸い込んでしまうのです。これは「敵を捕まえる」のと同じことです。

そして「星のカービィ」では、その吸い込んだ敵を口に含んだまま移動して、プッと吐き出して飛ばし、弾として敵にぶつけて使います。

これを「クロノア」に当てはめたら、捕まえた敵を投げることによって、別の敵にぶつけて倒すことができるということだと思いました。これがあったらとりあえず「星のカービィ」の敵を吐いてぶつけて敵を倒すという、敵とのやり取りに関する「遊び」は担保されるはずですよね？

5-3-2　似た要素を持ったゲームと違う要素

「そこでさらに考え続けます。「星のカービィ」ではその他にどんな要素があるだろう？　すると空気を吸い込んで空中を飛ぶことができたり、続編では敵を飲み込んで、その敵が持っていた能力をコピーしたりする要素がありました。火を吐く能力を持つ敵を飲み込んだら火が吐けるようになり、剣を使う能力を持った敵を飲み込んだら、剣が使えるようになるという仕様です。

しかし、これも組み込んだら「クロノア」は「カービィ」そのものになってしまいます。そこで、これはあえて入れず、逆に「カービィ」にはない要素を入れることを考えようとしたのです。

敵を膨らませて捕まえるということは、その膨らませた敵を運ぶことができるようになるということです。それでは敵を運んで別の場所まで持って行くとどんな「イイコト」があるのだろう？　とさらに考え続けたのです。

そこで思い付いたのが、その膨らんだ敵に乗ることで通常のジャンプでは届かない高さの崖に上がることができるようになるということでした。（実は着想段階ではまだ２段ジャンプのアイデアはなく、膨らませた敵を地面に置いてジャンプ台にして、その上で大ジャンプができるというアイデアでした。これについてはChapter 7で詳しくお話しします）

5-3-3　違いからコンセプトを導く

こうして敵を膨らませて捕まえるという「気持ちいい」があることで実現される要素は、その敵をぶつけて倒すことと敵に乗って高い崖に上がることとなり、それは言い換えると「敵を攻撃にも移動にも使うゲームになる」ということだと考えました。これがこのゲーム独自の「イイコト」であり、コンセプトとなります。そしてこれが元になって、後に「移動」が「２段ジャンプ」というアイデアに繋がっていくのです。

ここまでくれば、組み合わせた既存のゲームの「星のカービィ」とは別のコンセプトのゲームになりますよね？　しかもそのテンポも違ったものになりますから、これはまったく別のゲームと言えるのです。後はこのオリジナリティであるコンセプトをどんどん膨らませていけば、さらに違うゲームになるはずです。

このように、「気持ちいい」があることがそのゲームにとってどのような意味を持つのかを考えた上で、それがどういう「ゲーム」になるのかを考え続けるのです。

ここで生まれた新たな意味（独自性）を膨らませていけば、それは新しいゲームアイデアに育っていくはずです。

星のカービィ	風のクロノア
敵を吸い込んで利用する	敵を捕まえて利用する
吐いて攻撃	投げて攻撃
飲み込んでパワーアップ	×
×	移動に使う

この部分で
敵とのやり取りは
担保されている

もしもここで出てきた「できるようになること」が、既存のゲームとまったく同じだったら、それはそのゲームのアイデアそのものですから当然やり直しです。しかし、僅かでも違う部分があったなら、そこに特化して膨らませていけば、独自性になるかもしれません。

Chapter 1でゲームの構成要素について分析してもらいましたが、そこで得られた知識はここで役に立つのです。既に世にあるゲームと比べることで、自分の見つけた「気持ちいい」があることによって「初めてできるようになること」が見えてくるのです。ですから、既存のゲームの研究も怠らないでくださいね。

5-3-4 コンセプトを中心に膨らませていく

こうして「気持ちいい」を「ゲーム」にまですることができたら、後はこの「ゲーム」のコンセプトを中心にして膨らませていくことができればいいわけです。

「風のクロノア」では「敵を膨らませて捕まえ、その敵を使って攻撃したり、移動に使ったりしてマップを攻略すること」を楽しんでもらいたいというのがコンセプトになったのですから、ここの遊びを豊かにするアイデアのみをどんどん追加していきさえすれば、コンセプトに沿ったゲームになるはずです。

まず「敵を膨らませて捕まえる」という遊びが基本なのですから、ただノコノコと歩いてくる敵ばかりでは「うまくできたり、できなかったり」が起こらないですよね？　そこでうまくタイミングを計る必要がある敵の動きを考えます。

例えばジャンプしながら近づいてくる敵や纏っている殻から顔を出した時だけ捕まえられる敵、盾を持っていて後ろからしか捕まえられない敵や空を飛んでいる敵、鎧を装備しているので敵をぶつけて鎧を剥いでからでないと捕まえられない敵などです。

次に「敵を使って攻撃する」遊びについて考えます。

例えば上からの攻撃しか受け付けない敵によって、捕まえた敵を下に蹴って当てる遊びを誘導します。また、クロノアが近づくと引火して一定時間経つと爆発する敵は、あえて引火させて捕まえ、爆発するまでに投げることで攻撃できます。このアイデアを使えば近づくことができないところにあるスイッチに向かってタイミングを計って投げつけるとオンにすることができたり、爆発するまでの時間差を利用してスイッチに連動した扉までダッシュすることができたりと仕掛けのアイデアとしても使えます。この辺は「ゼルダの伝説」などでよく使われるアイデアですが、膨らませた敵で遊んだことはないわけですから、クロノア独自の遊びとして成立するのです。このように独自性が確立したら他のゲームのアイデアを取り入れても構わないのです。

そして「捕まえた敵を利用して移動する」遊びについて考えます。

例えばプロペラで宙に浮いていて、捕まえると上昇するのでぶら下がって一緒に上昇できる敵や離れた崖にジャンプで飛び込んで、中間で敵を蹴って二段ジャンプすることで飛距離を延ばして渡る地形、二段ジャンプによって上昇したところに飛んでいる敵をさらに捕まえて二段ジャンプを繰り返して昇っていく地形などを設けます。

このようにコンセプトにあることをより豊かにする、核を膨らませるアイデアをどんどん出していき肉付けしていくのです。その際、常にコンセプトに沿っているかどうかを検証することをお忘れなく。

まとめ

Chapter 5 「気持ちいい」を既存のゲームと組み合わせる

- 見つけた「気持ちいい」を既存のゲームと組み合わせてみる
- 同じ要素だけでも「ゲーム」になっていれば良し、足りなければアイデアを足す
- 違う要素が本企画の独自性
- それがあることで
  - ①変わることは何か？
  - ②できるようになることは何か？
  - ③良くなることは何か？

  を考える（どれかひとつでも「イイコト」があればよい）
- 客観的に何を楽しむ「ゲーム」になったのかを確認する
- 元のゲームと違う「ゲーム」になっていれば新しいアイデアの確立
- その独自性の部分にどんどん膨らませるアイデアを盛り込もう

コラム

「パックピクス」の逆転の発想

ニンテンドーＤＳの初期にプロデュースした「パックピクス」という製品があります。これはニンテンドーＤＳのタッチペンで絵を描くことができるという特徴を活かしたソフトでした。画面にはゴーストがいて、そこにタッチペンでパックマンをひと筆書きで描くと口をパクパクしながら動き出してゴーストを食べていくというゲームです。この自分が描いたパックマンが命を吹き込まれたように動き出すという驚きが「気持ちいい」でした。

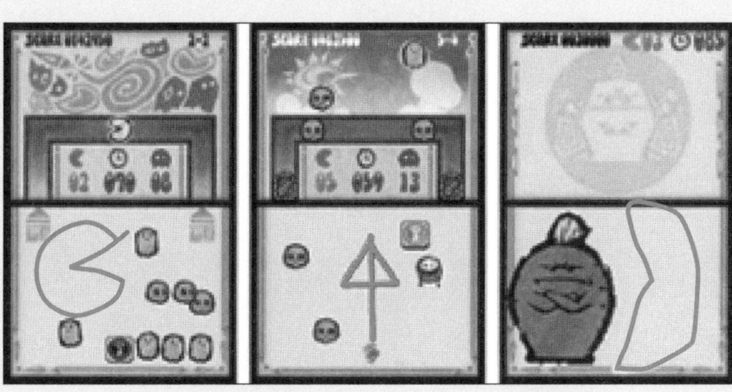

「パックピクス」©BANDAI NAMCO Entertainment Inc.

パックマンを描くだけでは１本のゲームとしてはアイデアが足りていなかったので、他にも応用の利く、描いたら動き出すアイデアが必要となりました。そこで考え出されたのが「矢」と「爆弾」でした。

「矢」は三角を描いて最後に縦に長く棒を伸ばし、放すとそのまま上画面まで飛んでいくという仕様でした。上画面の活用にもなり、上画面の風船を割ったり、スイッチを押したりといった使い方もでき、アイデアが膨らみました。

一方「爆弾」は当初、丸を描いて、その丸の中から線を伸ばし、放すと火が点いて導火線になって根本まで行くと爆発するという仕様で考えられていました。しかしこれの活用法をチームで考えていたのですが、行き詰ってしまっていました。話を聞くと、爆弾を描いて火が点いたら爆発するまでにタッチペンで爆弾を動かせるという仕様なんだそうです。それで何ができるの？　と問うと、穴に入れて爆発させると中からゴーストがあぶり出されてくるということでした。それだけではアイデアが膨らまないので他には何があるのか？　と続けて問うと、それぐらいしかアイデアが出ていないので困っていると言うのです。

そこでわたしもアイデア会議に加わることにしました。いろいろ意見が出たのですが、どれもイマイチな内容で停滞してしまっていました。

こういう時こそ「逆転の発想」が突破口になることがあると思って、今ある爆弾の仕様を見つめ直したのです。

そこで今は描いた爆弾をタッチペンで動かせるけれども、逆転の発想で「描いたところから動かせない、としたら何か『イイコト』がないかな？」と提案しました。みんなは「はぁ？」という顔をしていましたが、わたしはその時、丸を描いたところから動かせないからこそできることは何かを考えていました。するとそこから導火線を引いていく先に、ロウソクのような火種が画面内にあって、そこまで線を引いていくと火が点くという動画が頭に浮かんだのです。そうなっていたら、一体何が良くなったのか？　何ができるようになったのか？　と考え続けました。

そして気付いたのは、爆破させたいものと火種が離れたところにあったとしたら、爆破させたいものの側に丸を描き、そこから離れた火種まで線を引くというゲームになるということでした。敵の上には線が引けないので爆弾から火種まで、敵を避けて線を引く必要があります。これは敵を避けながら火種まで辿り着けるかどうかというゲームになるのではないか？

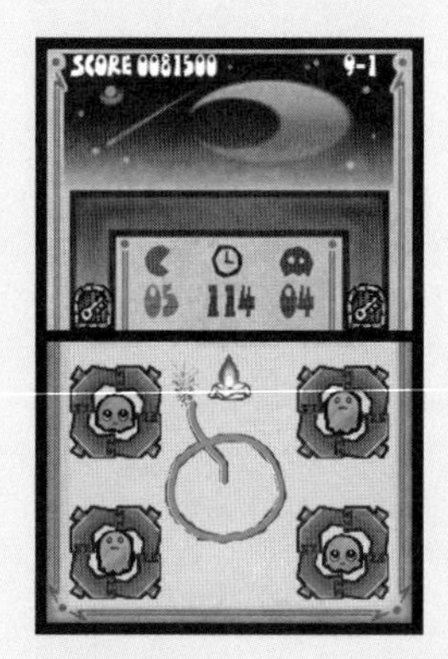

「パックピクス」
©BANDAI NAMCO Entertainment Inc.

しかもスイッチを入れないと点かない火種とか、上画面に風船に入った火種があって、それを矢で射落とさないと火が点けられないとか、他の仕様と絡めて仕掛けを膨らませることもできそうだと思えました。

こうして次々にアイデアが膨らむ時はうまくいく時なので、この仕様で決定となりました。もしあなたがアイデアに行き詰まったら、ぜひ逆転の発想を試してみてください。

既存のゲームを「気持ちいい」から分析する

わたしが今までやってきたアイデアの育て方は、どんなゲームのアイデアであっても使える手法です。ここでは仮に既存のゲームをこの手法で考えたらどうなるかを検証してみます。

「モンスターストライク」の分析

ここまでわたしの創ったゲームのエピソードをご紹介してきましたが、これが他のゲームでも応用が利くというところを検証してみようかと思います。もちろんわたしが創ったわけではないので推測に過ぎませんが、既存のゲームをもし同じ手法で考えたらどうなるかを試してみましょう。

みなさんは、株式会社ミクシィが展開するエンターテインメント事業ブランド「XFLAG(エックスフラッグ)」が手掛けるスマホアプリのひっぱりハンティングRPG「モンスターストライク」を遊んだことがあるでしょうか？　モンスターを引っ張って弾くことでビリヤードのように転がって行って敵にガシガシぶつかってダメージを与えるのが気持ちいいゲームですよね？　これを例に考えてみます。

「モンスターストライク」©XFLAG

6-1-1　「モンスターストライク」の「気持ちいい」

まず初めにやることは「気持ちいい」を見つけることでした。この場合**「球を弾いてぶつけることは気持ちいい」**だったはずです。そこで球を弾いてぶつけるものを連想します。

例えばビリヤード。たくさんある球に勢いよくぶつけてカコーンとはじけ飛ぶのは気持ちいいです。さらに壁に反射させて狙い通りに球に当たると気持ちいいです。

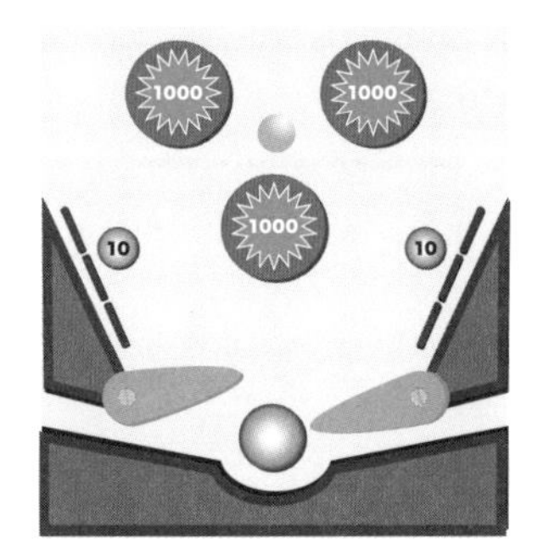

また、ピンボールで弾いた球がバンパーとバンパーの間を連続で弾き合ってガンガン点数が入る瞬間も気持ちいいです。これらの「気持ちいい」瞬間が脳裏に浮かびました。

次にぶつける相手をビリヤードの球やピンボールのバンパーから何か別のものに発展させることを考えます。

アイデアを考える時は、短い時間で次から次へとフラッシュアイデアを「動画」で想像して考えるんでしたよね？

例えば爆弾とか惑星とかビルとか水風船とかでしたら、それらに球がガシガシ当たって、爆弾が爆発したり、惑星が砕け散ったり、ビルが崩壊したり、水風船が破裂して中から赤や青のペンキが飛び散る様子などを「動画」で短時間に次々と想像するのです。そんな風に想像を巡らしているうちに「モンスター」だったら？　という発想が見えてきます。

球をモンスターにぶつけて、ピンボールのバンパーのように♪ディディディディディンと連続して弾け合った映像が頭に浮かびます。その際モンスターにぶつかる度にビカビカ光ってモンスターにダメージが与えられるのです。これは「気持ちいい」です。

さて、ならば球を弾いてモンスターにぶつける際、どのような操作だったら一番気持ちいいでしょうか？　操作方法はいろいろ考えられますが、参考にしたビリヤードを思い出します。

ビリヤードを題材にしたビデオゲームは方向と強さを決めて球を弾く操作です。これをスマホの操作で考えると、タッチして引っ張って矢印を伸ばすことで、その方向と長さによって弾く方向と強さを一度に指定できそうです。こうしてスマホにタッチして矢印を操作して、パッと放すと球が飛んでいき、壁などに反射して敵モンスターにガシガシ当たってダメージを与える動画が思い浮かびます。この操作感だけでも結構気持ち良さそうですから、すでにそれは「遊び」になりそうです。そしてついにモンスターのHPが切れて爆発エフェクトと共に消滅したら、さらに気持ちいいじゃないですか。

これで「操作しているだけでも気持ちいい」ができました。「動画」で想像したので、テンポも同時にイメージできました。

ところで弾く球も別のものに変えられないでしょうか？　だったらいっそ、この弾く球もモンスターにしてもいいんじゃないだろうか？　それならモンスター同士の対決ということになり、モンスターを弾いて敵モンスターに体当たり攻撃して倒すことが「気持ちいい」ゲームに繋がります。

6-1-2　本企画の独自性

それではこの「気持ちいい」があることで、何か「イイコト」、つまり変わったことやできるようになったことはないかを考えてみます。参考にした遊びはビリヤードとかピンボールですから、これにこの「気持ちいい」が入ったらどうなったかを考えるのです。

まず、同じ要素は何でしょう？

- 狙って方向と強さを指定して球（モンスター）を弾く
- 球（モンスター）が球やバンパーにぶつかって跳ね返る

これらはビリヤードやピンボールの操作や遊びのキモになる部分です。ですからその「狙って弾いてうまくぶつける」という遊びは担保されていることになります。

次に、違う要素は何でしょう？

- 飛ばすものが球ではなくモンスター
- ぶつけられるものが球やバンパーではなく、敵モンスター

この違う要素によって変わること、できるようになることを考えるわけです。

- 目的が敵モンスターの HP を削って倒すこと
- いろいろなタイプのモンスターを設定できること

この「気持ちいい」が入ったことで、ゲームの目的が変わりました。またぶつけるものにも特性を持たせられるようになります。

ということで、これが本企画の独自性と言えるわけです。

次にこの独自性があることで、一体何をするゲームになったのかを客観的に検証してみるのです。この場合は**「モンスターをうまく弾いて敵モンスターにぶつけて倒す」ゲーム**になったと言えるでしょう。これは参考にしたビリヤードやピンボールといったゲームとは違っていますから、新しいアイデアが確立されたということです。つまりこれが核になるアイデアなのです。そしてこの「ゲームの内容」こそが「コンセプト」に他なりません。後はこのコンセプトをより楽しめるようにするアイデアを盛り込んでいけばアイデアが膨らむはずです。

ということで、ここからは核を膨らませるアイデアをどんどん出していきましょう。ここで与えられる課題には「うまくできたり、できなかったり」する要素が必要でした。だから、ここでは「モンスターをうまく弾いて敵モンスターにぶつけて倒す」という核になるアイデアの、「うまく」というところのバリエーションがもっとあるといいのです。

さて、このゲームの目的は「敵モンスターの HP を削って倒す」ことでした。これは RPG の目的と同じです。だったらもっと RPG の要素を入れていくと「核になるアイデア」が膨らむのではないでしょうか？　それは RPG によくある要素でも構わないはずです。なぜならその要素を「弾いてぶつけて戦うモンスター」というコンセプトの元で遊んだことはないからです。その視点で考えると次のようなアイデアが見えてきました。

- モンスターはひとりではなく、パーティを組んでいる
- パーティのメンバーは集めたモンスターの中から４体選ぶ

6-1-3　コンセプトに貢献するように考えていく

　このようなアイデアが出てきた時に考えるべきことは、この仲間のモンスターたちの存在が「うまく弾く」という「遊び」の増強に繋がるようにするにはどうなっていればいいか、ということです。つまりコンセプトである「ゲームの内容」をより豊かにすることに貢献するように考えればいいわけです。そこで次のようなアイデアが見えてきます。

- モンスターはそれぞれ違った特性や必殺技を持っている
- 他のパーティメンバーにぶつけると、その必殺技が発動する

　このアイデアによって何ができるようになったのか？　を考えます。するとただ敵モンスターにぶつけるだけではなく、仲間モンスターにもぶつけて必殺技を発動しつつ、敵モンスターに大ダメージを与えられるように「うまく」弾くという課題が加わります。これは核になるアイデアをより豊かにするアイデアなので良さそうです。
　さらにRPGの要素から考えると、仲間は順番に攻撃のターンが周ってくるという要素を入れると、弾き終わった時に次の仲間からぶつけやすく、その必殺技の効果が敵との配置でうまく機能するような位置で止まるのがベストという攻略法が生まれそうです。
　それではこうしてアイデアを膨らませた結果、どのようなゲームが実現したのかを検証してみましょう。
　課題は
「マイキャラを弾く際、仲間にも当てて、敵にも当たり、止まる場所が有利になるようにうまく弾くことができるかな？」
というもので、目的は
「敵モンスターを全滅させる」
ことです。
　これによって実現されたゲームは
『弾き、ぶつけることで連携して敵をやっつける爽快感と戦略』
となります。つまりこのアイデアは『弾き、ぶつけることで連携して敵をやっつける爽快感と戦略』を楽しんでもらいたいという企画になったのです。
　ところで「〜を楽しんでもらいたい」というのは何でしたっけ？　コンセプトですよね？
　つまりこの最後に導き出された「実現されたゲーム」の内容こそが、核になるアイデアのコンセプトなのです。

6-1-4 「モンスターストライク」の分析まとめ

もう一度まとめておくと、次のような順番で思考したことになります。

①「気持ちいい」ことを見つける

これは「球をぶつけること」でした。

②操作しているだけで「気持ちいい」にする

矢印を引っ張って方向と強さを決定し、放すと射出され、敵にガシガシ当たることが「気持ちいい」という動画が頭に浮かびました。

③その「気持ちいい」操作を既存の参考にしたゲームと組み合わせてみる

ビリヤードやピンボールと組み合わせてみました。

④その「気持ちいい」を入れた際、同じ部分と違う部分を分析する

方向と強さを指定して弾き、ぶつけることが同じです。違うのは飛ばすものがモンスターで、ぶつけられるものが敵モンスターというところです。

⑤違う部分があることによって変わること、できるようになること、良くなることはないかを考える

目的が敵モンスターの HP を削って倒すことになるのと、ぶつけるのが球ではなくモンスターなので、いろいろなタイプのモンスターを設定できるようになります。

⑥それが本企画の独自性である

「目的が敵モンスターの HP を削って倒すこと」と「いろいろなタイプのモンスターを設定できること」が本企画の独自性です。

⑦独自性を確立したら、客観的に何をするゲームになったのかを確認する

「モンスターをうまく弾いて敵モンスターにぶつけて倒す」ゲームです。これが「核になるアイデア」です。

⑧それが既存のゲームと違っていればよい

ビリヤードやピンボールとは違うゲームになりました。

⑨後はその独自性を活かすアイデアを盛り込んでいく

パーティを組む仲間との合体攻撃というアイデアがゲームをより豊かにしました。この後、仲間モンスターの収集や育成といったアイデアに膨らんでいきます。

いかがでしょうか？　もちろん「モンスターストライク」はわたしが考えたゲームではないので、実際にこの通りにアイデアを考えたのかどうかはわかりませんが、少なくともこの筋道で考えていったら、正しくアイデアが膨らんで、今の「モンスターストライク」のアイデアにまとまっていくのではないでしょうか。

6-2

他のゲームの場合

前の節では「モンスターストライク」を例に「気持ちいい」を分析して発展させました。他のゲームでも同様の手法で考えてみましょう。

6-2-1 「忍者龍剣伝」の場合

まずはわたしが手掛けた作品で、同様の手法で考えたものから説明したいと思います。

「忍者龍剣伝」では、最初に思い付いたのは忍者がビルとビルの間を、壁を蹴ってタタタタターとすばやく登っていく映像でした。とにかくすばやく左右に壁を蹴って高いところまで登っていくのが「気持ちいい」と思ったのです。

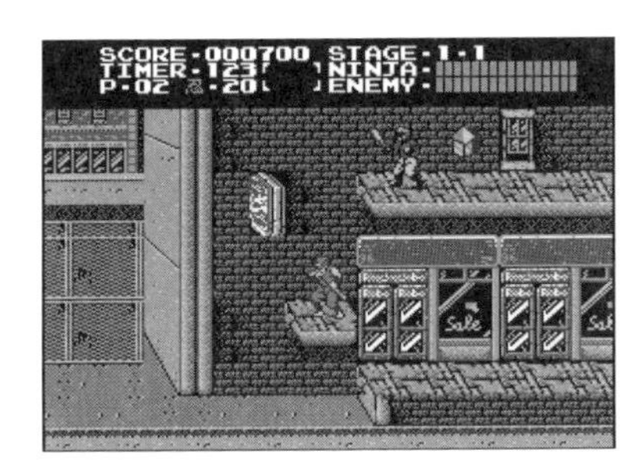

「忍者龍剣伝」

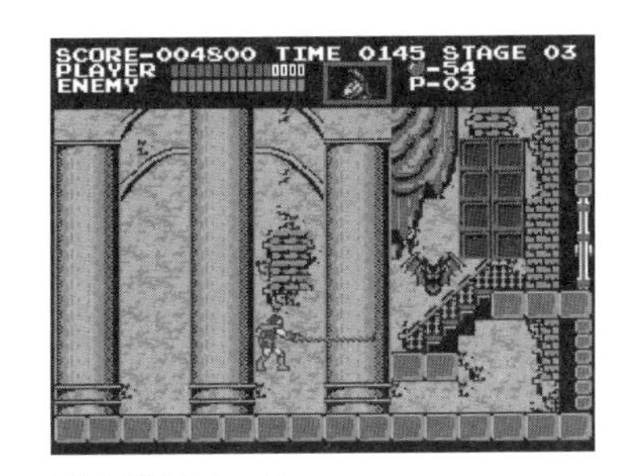

「悪魔城ドラキュラ」

そしてこの操作を「悪魔城ドラキュラ」というゲームと組み合わせてみたのです。「悪魔城ドラキュラ」というのは、ドラキュラ城の中を、鞭を武器にズンズンと歩いて進むアクションゲームです。そこで同じ部分を見てみると、横スクロールである点、敵に触れるとダメージを受けて跳ね飛ばされる点、鞭に相当する攻撃手段は剣ですから、ともに敵とのやり取りは接近戦になる点が挙げられました。

この同じ部分があることで、ゲームになることは担保されているわけです。つまり一応「マップを進んで行って、待ち受ける敵に触れないように近付いて、接近戦で戦う」というゲームにはなっているということです。後は本企画ならではの独自性を確立できればいいことになります。

それでは違う部分、変わる点は何でしょうか？　まず、走るスピード感が全然違います。

「悪魔城ドラキュラ」がズンズン歩いて移動するスピードなのに対し、「忍者龍剣伝」は忍者ですから、タタタタターと駆け抜けるスピードになります。また、初めに見つけた「気持ちいい」である壁蹴りジャンプによって、すばやく高いところに上がり、そこから一気に飛び降りるアクションが他にない「イイコト」です。それを強調するためにはアップダウンの激しいマップ構成になることが想像されました。

このことから、この壁蹴りジャンプを入れたことで実現できるゲームは「アップダウンの激しいマップを駆け抜けるダイナミックな忍者アクション」であると考えました。

後はそれを活かすための忍術アイテム、敵の動きや配置、アイテムの配置、マップを考えていくことで、元となった「悪魔城ドラキュラ」とは違ったゲームになったと思います。

6-2-2 「ミスタードリラー」の場合

このゲームの企画者は、雪崩のようにガラガラと崩れるものの中に自分がいたら怖いだろうなと思ったところから企画が始まったそうです。この「怖い」という感情も「気持ちいい」のひとつですから、このアイデアも「気持ちいい」から始まったといっていいでしょう。そしてゲーム的なルールで雪崩現象を作れないかと考えた時、目に留まったのが「コラムス」や「ぷよぷよ」といった落ち物パズルゲームの仕様だったのです。

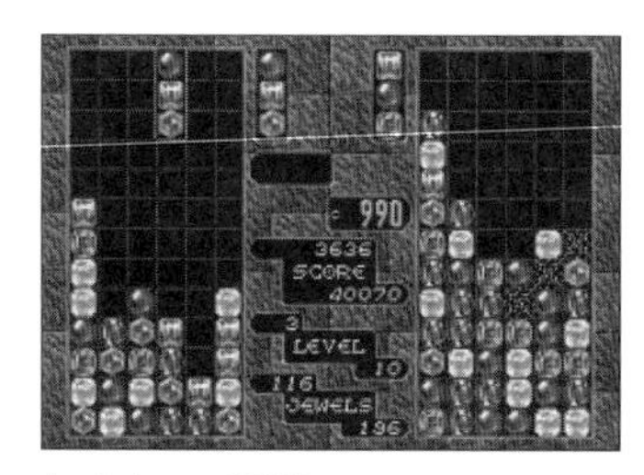

「コラムス」©SEGA

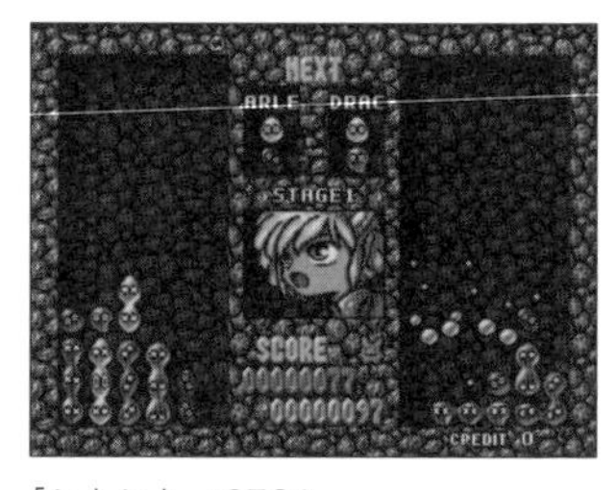

「ぷよぷよ」©SEGA

これら「コラムス」や「ぷよぷよ」と、その中に自分が操作するキャラクターがいると「怖い」という「気持ちいい」を合わせた時、その同じ部分は、同じ色のブロックがくっつく、4つ以上くっつくと消えて連鎖が起こるという落ち物パズルのルールだったのです。

そして決定的に違う部分が、操作するキャラクターがフィールド内にいるということでした。このことによって何が変わったのでしょうか？　それは、ブロックの連鎖が落ち物パズルの場合プレイヤーに有利な出来事であるのに対して、「ミスタードリラー」ではそれは潰されそうになる危険と隣り合わせのスリルになったのです。つまり「連鎖」の意味が変わったのです。これが「イイコト」です。

これによって実現できるゲームは何かと言えば『どういう順序で掘るとうまく潰されずに掘り進めるかを瞬時に考えて掘り進む』ゲームでした。

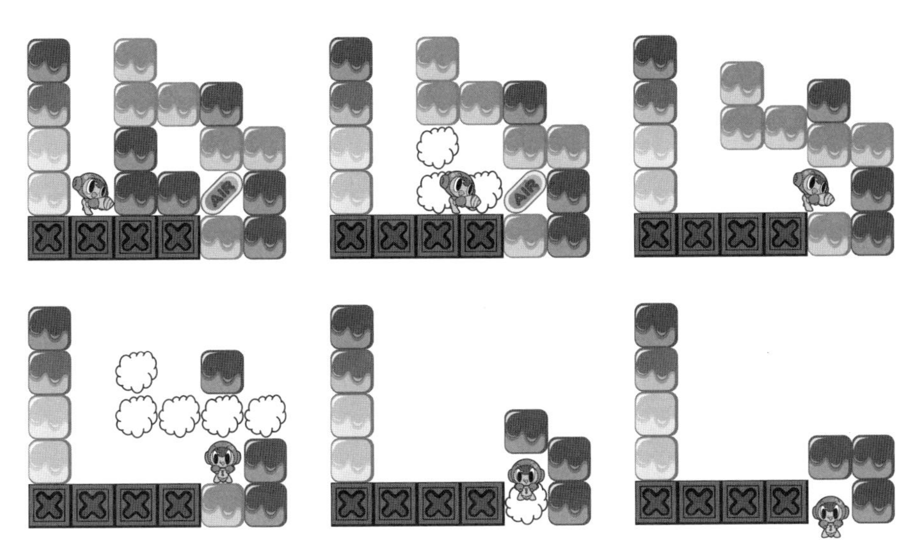

「ミスタードリラー」©BANDAI NAMCO Entertainment Inc.

6-2-3 「キャプテン翼」の場合

テクモのファミコンソフトの名作「キャプテン翼」はわたしの同僚の作品ですが、彼は休日には地元の少年サッカーチームのコーチをするほどサッカー好きでした。ある日彼は社長から少年ジャンプに連載中の「キャプテン翼」の版権が取れるので、これでサッカーゲームを創れと言われたのです。当時「ドラゴンクエスト」が発売されたばかりで、まだ世の中でブームになる前でしたが、開発内部ではみんな夢中で遊んでいて、彼もハマっている一人でした。

そこで彼は、サッカーゲームを「ドラゴンクエスト」と組み合わせて、コマンド入力で遊ぶ非リアルタイムのサッカーゲームというアイデアにたどり着いたのです。それはドリブルしていくと敵とエンカウントして時間が止まり、コマンドでパスとかシュートとかを選んで決定すると結果がアニメーションで表示されるというものでした。

これによって生まれた「イイコト」は何でしょうか？　アクションのサッカーゲームと比べて、より戦略性が高くなりました。時間を止めることで、誰にパスするか、どこにドリブルするか、どこでシュートするかなどを瞬間的な判断ではなく、じっくり考えられるため、誰もが戦略的なサッカーを楽しめるようになったのです。

もちろん「キャプテン翼」のおもしろさは、サッカーの戦術を知り尽くした彼の調整の賜物であるのは言うまでもありませんが。

6-2-4 「スプラトゥーン」の場合

「スプラトゥーン」の企画の発端は、プログラマが創った試作だったそうです。それは白と黒の四角い箱をそれぞれ2人で操作して、箱の色と同色のインクを発射してフィールドを塗りたくるというものでした。

これはWii Uで創られたものだったので、ゲームパッドには3Dの映像、テレビモニターにはフィールドを真上から見た映像が映っていました。すると自分の塗ったところの上に移動することで保護色になって隠れられるのがおもしろかったそうです。そして何よりインクをどんどん発射してフィールドを塗りつぶすことが気持ちよかった。これもインクでフィールドを塗るという行為の「気持ちいい」から始まった企画だったわけです。

そしてこの「気持ちいい」をTPS（3人称視点のシューティング）と組み合わせてみたところから、TPSと同じ部分である3人称視点でフィールド上を移動するということと、対戦相手を攻撃するということを基本にしながら、違う部分である色を塗るということと、塗ったところにいると見えなくなるということを独自性にして肉付けしていったのだと思われます。これによって『陣地取り合戦シューティング』という新しいゲームが実現されたのです。

「スプラトゥーン」©2015 Nintendo

まとめ

Chapter 6　既存のゲームを「気持ちいい」から分析する

- 何を楽しんでもらう「ゲーム」になったのか？　を検証しよう
- 「○○○を楽しんでもらいたい」と口に出して言ってみる
- ○○○には「ゲームの内容」が入る
- これがコンセプトになる

コラム

「ミスタードリラードリルランド」の逆転の発想

ニンテンドーゲームキューブ版の「ミスタードリラードリルランド」をプロデュースした時のことです。この製品では世界観をドリルランドというドリラーをテーマにしたテーマパーク仕立てにして、5つのアトラクション、つまり5つのゲームを創ることにしたのです。

その中で「ホラーナイトハウス」というアトラクションが行き詰っていました。これは某テーマパークのホーンテッドマンション風のアトラクションで、ドリラーシリーズ初の敵が出現するドリラーとして考え始められました。

フィールドにはゴーストがいて、ブロックの中を移動してプレイヤーに迫ってくるのです。うっかりゴーストがいるブロックを掘ると、吸血コウモリとなって襲い掛かってきて、体力（エア）を奪われるのです。そしてこのゴーストを倒すのがフィールドにランダムに落ちているホーリーライトで、これを取ってゴーストを照らして倒すという仕様だったのですが、どうしてもおもしろくならなくて困っていたのです。

そこで逆転の発想です。今までドリラーではダメな状況だったものを、逆に有利な状況にしたら何か「イイコト」がないかと考えたのです。ドリラーの最大の敵は×印ブロックです。これは5回掘らないと消せない上に、エアが20%も減ってしまうので、なるべく掘らないようにするのがセオリーです。しかもススムくんは左右に十字ボタンを入力し続けると1段だけ登れるという仕様なので、下図のような状況になると×印ブロックを掘らなければならなくなってしまいます。スタッフ間ではこの状態を「棺桶」と呼んでいました。だからこういう状況にならないように掘り進むのが攻略法なのです。

「ミスタードリラー」
©BANDAI NAMCO Entertainment Inc.

これを逆転の発想で考えてみました。すると「棺桶がむしろ安全な状態であればいい」となります。それはこの状態だとゴーストに襲われる心配がないということになります。だったらこのアトラクションでは×印ブロックをホーリーブロックと称して、ゴーストが入って来られないブロックにしてはどうか？　前の図のような形に並んだホーリーブロックがあちこちにあって、そこにはホーリーアイテム（聖水）があるのです。そうしたら、ホーリーブロックからホーリーブロックへと渡り歩いて聖水を取り、タイミングを計って掘り進み、ゴーストのいるブロックに聖水を注入し、麻痺させている間にそのブロックを消して倒すというゲームになるのではないか？　これでこのゲームの骨格が見えてきました。

そして完成したゲームは本当に怖いドリラーができました。ゴーストが迫ってくるのをかわして逃げながら次の安全地帯までダッシュで掘り進む緊張感は、他では体験できない程のものです。

「ミスタードリラードリルランド」
©BANDAI NAMCO Entertainment Inc.

このように、本来ダメな状況を、逆に有利な状況だと仮定して、それが成り立つ設定はどんなものかを考えると違ったアイデアが生まれることがあるのです。アイデアに詰まった時、「むしろそうなっているからイイ！」と声に出して言ってみましょう。そして「それってどんな状況？」と自問してみるのです。今まで考えてもみなかった発想が生まれることがありますよ。

もしあなたがアイデアに行き詰ったり、仕様がうまくまとまらず悩んだりしていたなら、一度逆転の発想を試してみてください。思わぬ進展があるかもしれません。

アイデアを完成させる

アイデアを考えたとき、とても大事なのは、そのアイデアのコンセプトを言葉にすることなのです。一体それは何を楽しませるゲームになったのかをきちんと捉え、言葉にすることで「核になるアイデア」は確立されるのです。

アイデアを検証する

「気持ちいい」ことを探し、それを種にして操作感を考え、それをうまくやることで解ける「課題」を考え、クリア条件としての「目的」を考え、それが達成されたら何らかの「ご褒美」がもらえて、もっと「気持ちいい」ことがしたくなってしまう循環ができたなら、それは「ゲーム」になっていると言えます。これが「核になるアイデア」です。

しかし「ゲーム」になっていればいいわけではありません。それはとりあえず「ゲーム」になったというだけで、製品として価値のある「ゲーム」なのかどうかは別問題です。

ではどういうものが製品として価値のある「ゲーム」なのでしょうか？　ここではそれを確立してアイデアを完成させるまでを考えます。

7-1-1　新しいアイデアとコンセプトの完成

お客様は常に今まで体験したことがない「遊び」を求めています。シリーズ物ではない、新規のゲームを買う時は、そのゲームを買ったら今まで感じたことのない「気持ちいい」を感じられそうな予感があるから買うのです。こう言うと絶望的な気分になってしまうかもしれません。今まで無数のゲームが創られて、ありとあらゆるアイデアはすでに創られてしまったんじゃないか、いまさら新しいアイデアなんて残っていないんじゃないか、と。

でも心配はいりません。もう一度思い出してください。

『アイデアは既存の要素の新しい組み合わせ』

すでに創られてしまったアイデアであっても、別の要素と組み合わせた結果、新しければいいのです。既存の要素が無数にあるわけですから、その組み合わせも無数に存在します。だからまだまだいくらでも新しい組み合わせはあるはずです。

「パックピクス」というゲームはタッチペンで描いた絵が命を吹き込まれたように動き出すというのが他にないアイデアでした。だとしたらそこに盛り込む「膨らませるアイデア」は、すでにいろいろなゲームで散々使い古されたアイデアであっても構わないのです。このゲームの開発時、わたしがスタッフに言ったのは「描いた絵が動き、それがゲームに影響を与える」というコンセプトが確立したので、あとはいろいろなゲームで使われたアイデアを組み合わせてみよう、ということでした。

例えば「ゼルダの伝説」で毎回使われているアイデアに、矢を射ることによって近づけない場所にあるスイッチを入れるとか、爆弾をスイッチのところに仕掛け、爆発するまでの時間差で連動した出口の側に移動して待つ、なんていうアイデアがありますが、これを「パックピクス」に組み合わせたとしても、「ゼルダの伝説」では自分で描いた矢や爆弾を使って解いたことはありませんから新しいと言えると思うのです。

つまり同じ要素だけれども、アプローチが違ったり、基本操作が違ったりすることで新しい組み合わせになる場合があるわけです。

このように新しいアイデアといっても、すべてが新しいものである必要はないのです。ひとつひとつのアイデアが新しいことが必要なのではなくて、その組み合わせが新しければいいのです。

こうして「遊び」が確立でき、それが新しい体験を含んでいるものになったなら、もう一度客観的にアイデアを見つめ直してみましょう。それは一体何を楽しんでもらう「ゲーム」になったと言えるのかを言葉にしてみるのです。

「○○○○○○○○○○を楽しんでもらいたい」と口に出して言ってみてください。○の部分は具体的な「ゲーム」の内容が入ります。「ジャンプでフィールドをノンストップで駆け抜けること」や「捕まえた敵を利用してマップを攻略すること」や「潰されないように掘り進む緊張感と快感」を楽しんでもらいたい、といった感じです。

これが言葉にできたなら、それこそが「コンセプト」なのです。あとはこの「コンセプト」にあることが頻繁に起こって楽しめるようにアイデアを膨らませていけばいいのです。

7-1-2 「遊び」が物足りなくて仕様を足す場合

しかし、一旦コンセプトがまとまったけれども、これだけでは何か物足りないと感じることもあるでしょう。その場合は仕様を足す必要がありますよね？　そうやって仕様を足した場合も、その結果何を楽しんでもらう「ゲーム」になったと言えるのかを言葉にしてみる必要があるのです。なぜなら「遊び」が物足りないということは、楽しんでもらいたい「遊び」の内容、すなわち「コンセプト」が足りないということだからです。ですから追加した仕様によってコンセプトが変わらなければいけないわけです。

例えば右図のような3Dでコースを進んでいって、次々に現れる障害物にぶつからないように左右に移動して避けるゲームを考えたとしましょう。

この時点でコンセプトは「障害物にぶつからないように左右に避けるゲーム」です。しかしただ避けるだけでは物足りないと感じて、何か仕様を足したいと考えます。

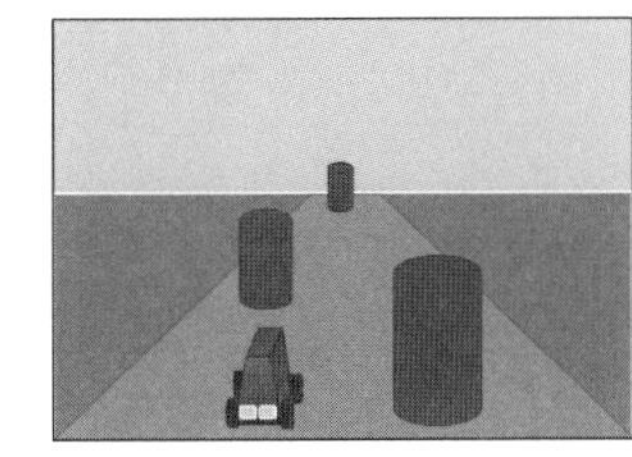

例えば「マリオのコインのようなアイテムを追加」したとしましょう。これによってコンセプトはどう変わるでしょうか？　結局障害物を左右に避けるゲームであることに変わりはありませんよね？　だからこれでは問題は解決しないわけです。

では「エネルギーアイテムを追加して、このエネルギーで弾が撃てる」仕様を追加したとしたらどうでしょう？　この場合はこのアイテムの使用頻度のイメージによってコンセプトが違ってくるのではないでしょうか？

30個エネルギーを取ったら1発弾が撃てるぐらいの頻度だったら、これはどうしても障害物が避けられない時に使う程度の頻度ですから、コンセプトは結局「障害物を避けるゲーム」のままです。しかしこれが1個のエネルギーで10発撃てるとしたら「バンバン弾を撃って障害物を壊しまくるゲーム」にコンセプトが変わります。むしろ避けるのは弾が切れてしまった時の緊急措置という意味合いになるでしょう。

このように仕様を追加するたびに、その結果どんな「イイコト」があって、何を楽しんでもらう「ゲーム」になったと言えるのかを言葉にしてみる必要があるのです。常に「コンセプト」が何になったのかを検証することをお忘れなく。

7-1-3 「核になるアイデア」の3要素とテンポ

あなたが見つけた「気持ちいい」ことが起こる「操作」をうまくやることによって「課題」がクリアされ、「目的」に到達することで「ご褒美」がもらえ、さらに「気持ちいい」がしたくなる循環ができたなら、それは「ゲーム」になっています。

そしてこの「ゲーム」になった核になるアイデアを「テーマ」「コンセプト」「システム」の3つの要素に分解してみて、それらが絡み合ってできるテンポが「気持ちいい」を最大化するものになっているならば「核になるアイデア」が確立したと言えるでしょう。

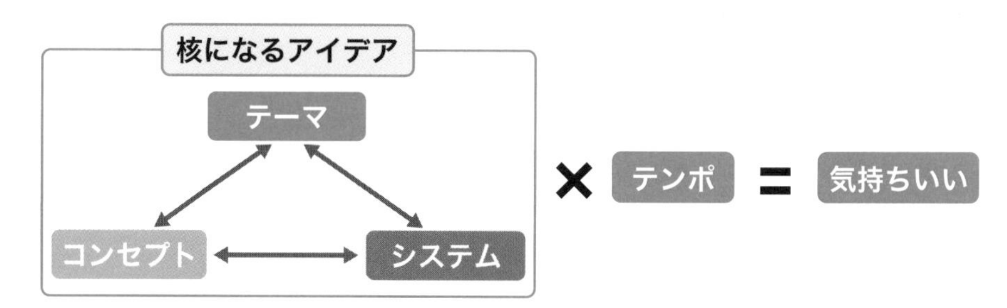

「よしっ！　早速ゲームを創り始められるぞ！」と意気込んだとしても無理ありません。でも、ちょっと待ってください。そのアイデアは本当にそれだけで成立しているでしょうか？

実はこれだけではアイデアとしては未熟であることもしばしばあるのです。アイデアがまとまったと思ったら、いきなり創り始めたり、上司に提案したりしないで、冷静に立ち止まって、もう一度核になるアイデアを検証してみることをお勧めします。

7-2

核を支えるアイデア

３つの要素の補完関係と、そのテンポを検証して確立した「核になるアイデア」ですから、確かにそのシステムによってコンセプト通りのことが頻繁に起これば狙い通りの気持ちいいゲームになるはずです。

しかしコンセプト通りの状況が生まれれば確かに気持ちいいゲームになるけれども、それは理想的なプレイをした時だけであって、実際は滅多にそういう状況にはならないというアイデアの穴がある場合があるので要注意です。

アイデアを考えていると、つい一番理想的なプレイをした時ばかり想像してしまいがちですが、実際はプレイヤーがいつもその理想的なプレイをしてくれるとは限りません。しかし、ゲームは誰が遊んでも自然とその理想的なプレイになるようにできていなくてはならないのです。

でもこの場合は「テーマ」「コンセプト」「システム」の３つの要素が絡み合って気持ちいいテンポが生まれるのは確認済みなのですから、後はその一番おもしろいことが起こる状況が頻繁に発生するようにすればいいだけです。それには**核を支えるアイデア**が必要になります。

7-2-1 「ミスタードリラー」のアイデアの欠陥

「ミスタードリラー」の核になるアイデアは、テーマが「掘る」で、コンセプトは「潰されないように掘り進む緊張感と快感」で、それを実現するシステムは「ブロックの連鎖」と「その中にプレイヤーキャラがいる」という仕組みでした。

しかし、このシステムにはひとつ課題がありました。

それは、まっすぐ真下を掘り続けて行きさえすれば、安全に下に掘り進むことができてしまうということです。真下を掘っているうちは、掘り進んできた頭上の空間にブロックは存在しませんよね？　ですからブロックが落ちてきて潰される心配は一切ないのです。

もちろんこれではゲームになりません。ではどうなっていればいいのでしょうか？　要はプレイヤーが横のブロックを掘って横に移動するようになればいいのです。そうしたら頭上に支えを失ったブロックが存在するようになり、連鎖してブロックが落ちてくるようになるはずです。

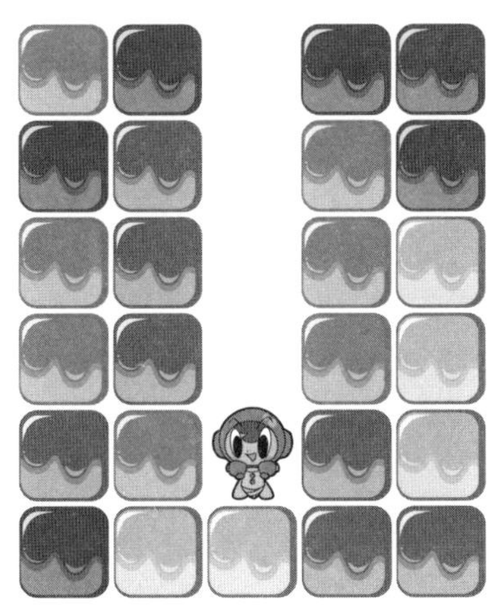

「ミスタードリラー」
©BANDAI NAMCO Entertainment Inc.

そこで真下にだけ掘り続けているわけにはいかない状況にする仕様、つまり「核を支えるアイデア」が必要になります。そこで出てきたのが「エアカプセル」のアイデアです。

ゲームがスタートするとエアが100%からどんどん減っていきます。これが0%になったら1ミスになるのです。ですから途中でエアを補充しなくてはなりません。これがエアカプセルです。

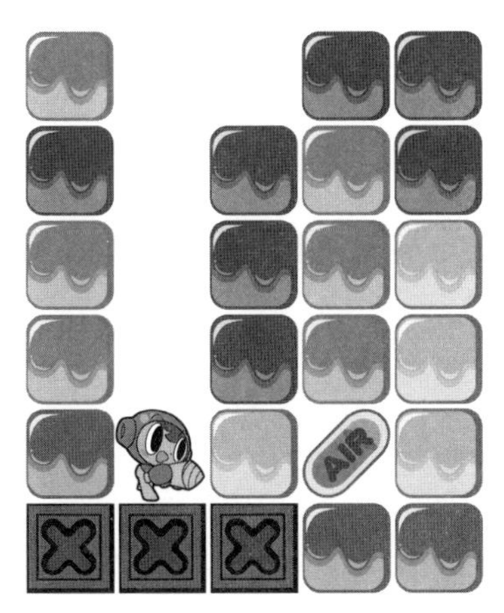

「ミスタードリラー」
©BANDAI NAMCO Entertainment Inc.

エアカプセルはランダムにブロックの中に配置されるので、必ず掘っている真下にあるとは限りません。プレイヤーはそのエアカプセルの場所まで安全に掘り進むルートを予測しながら掘っていき、回収しなくてはなりません。場合によっては多少の危険を冒してでも、行かなくてはならないこともあるでしょう。

こうして横に掘る機会が増え、連鎖で落ちてくるブロックを見極めて、「潰されないように掘り進む緊張感」を実現しようというのです。

しかし、エアをそんなに頻繁に出すわけにもいきませんから、他にも横に掘り進まなくてはならなくなるアイデアが必要です。そこで考え出されたのが「×印ブロック」です。

×印ブロックは、当初のアイデアでは「鉄ブロック」といって、掘ることができないブロックでした。掘れないならそれより下へ掘り進むことはできませんから、横に軌道修正せざるを得ませんよね？

しかし、このブロックには致命的な欠点がありました。それは下図のような状況になった時です。

「ミスタードリラー」
©BANDAI NAMCO Entertainment Inc.

主人公のホリ・ススムくんは、ブロック1段分の高さしか昇れないので、この状況ではこれ以上進めない、いわゆる「ハマリ」になってしまうのです。スタッフ間ではこの状況を「棺桶」と呼んでいました。

しかしまずゲームセンター用のゲームとして開発しようとしていたので、100円払っていただいたお客様に対して「ハマリ」で進めなくなるのは致命的なのです。

そこでこの鉄ブロックはやめて、×印ブロックになりました。×印ブロックは5回掘らないと消せないという仕様です。

しかし、これでも問題は解決しませんでした。高速で連打していれば、ほとんど時間的ロスなしに真下に掘り進めてしまうのです。

そこでさらに、壊したらエアが20%減るという仕様になりました。こうするとエアが20%減るリスクと天秤にかけて、×印ブロックを避けて掘り進むようになるのです。

初めの試作ではエンドレスに掘って行けて、3人で何メートルまで掘り進めるかというストイックなものだったのですが、ずっと緊張感が続くよりも、ほっと一息つける場があった方が緊張が解けて「気持ちいい」と感じるだろうということで、100メートル毎にクリアポイントを設けるアイデアが出ました。これによってテンポが生まれますし、プレイに緩急が出て、先に進んでいる感じにもなるのでいいアイデアだと思いました。

しかもクリアした瞬間、落下中のものも含めて、頭上にあったすべてのブロックを吹き飛ばし、消すことで、頭上にブロックが落ちてきて潰されそうなピンチでも、100メートルの区切りまで何とか逃げ切れば一旦クリアになるため、よりプレイに可能性が広がり、「間一髪助かった！」とか「後ちょっとだったのに！」とかの喜怒哀楽が生まれるようになりました。

7-2-2　アイデアの方向

ここで出た「エア」や「エアカプセル」、「×印ブロック」「100メートル毎のクリアポイント」といった核を支えるアイデアは、すべてがコンセプトの方を向いていることに注目してください。

図で表すと次のようになります。

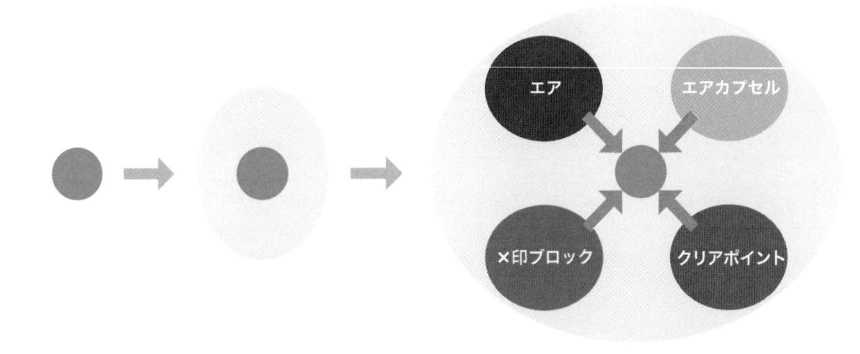

すべて「潰されないように掘り進む緊張感と快感」の実現に貢献するアイデアです。

7-3

核を膨らませるアイデア

さて、ようやく核になるアイデアができ、場合によってはそれを支えるアイデアも確立して、もう大丈夫！　と言いたいところですが、もうひとつ考えてみてほしいことがあります。

そのアイデアはそれだけで１本のゲームになりますか？　考えてみてください。

例えば研修ソフトで５分だけ遊べるものを創れという課題だったらそれでいいでしょう。同人ソフトとして無料で遊んでもらうのでしたら十分かもしれません。また、ゲームショウなどに参考出品する際にはこれでもいいと思います。

しかし、製品としてのゲームはもっと長く遊べるものにする必要があります。それにはもっとアイデアが必要です。つまり、この核になるアイデアを核として、核を膨らませるアイデアが多数必要なのです。

7-3-1　アイデアの再検証

もし、このまま制作に入ってしまったら、結局その後に核を膨らませるアイデアを考えて追加していく必要に迫られます。そしてこれが非常に危険なのです。

プロの世界でも開発が迷走してしまうことはあります。この開発が迷走する一番の原因は、ここで見切り発車してしまうことにあるのです。

核を膨らませるアイデアは核になるアイデアを核にして創られます。しかしもしこの核になるアイデアが核として十分ではなかった場合、開発は途中で頓挫します。しかもすでに創ってしまったものは、なかなか捨てられないもので、何とかこれを活かそうと考えてしまいます。すると袋小路に入ってしまって抜け出せなくなることがあるのです。

そうなってしまったら、いくら考えても、実は「正解はない」ということもあり得るのです。実際１年以上制作した末に、最終的に中止になってしまったプロジェクトをいくつも見てきました。

そうならないために、核になるアイデアができたら、これが核になり得るアイデアかを再度検証することをお勧めします。いいアイデアとは、それを聞くと頭の中に映像とテンポが浮かんで、さらに次々にアイデアが湧き出てくるもので、それが１個か２個の派生アイデアが出て、すぐ詰まってしまうような時は、そのアイデアは核になっていないのです。

7-3-2　コンセプトをより楽しませるアイデア

「テーマ」「コンセプト」「システム」の３つの要素でできたアイデアが核になるアイデアであったなら、これを膨らませるアイデアがどんどん湧いて出てくるはずです。そして出てきたアイデアをひとつひとつ検証するのです。

そのアイデアはコンセプトを
より楽しめるようにすることにつながっているか？

アイデアをどんどん膨らませていくために考えたアイデアが、ちゃんとゲームの核になるアイデアのコンセプトの方を向いているかどうかを確認するのです。

もしそれが単発では非常におもしろいアイデアだったとしても、そのゲームの核になるアイデアと背反するものだったならば採用してはいけません。そのアイデアを入れることによって、コンセプトがブレてきてしまうからです。コンセプトがブレてしまうと、段々何をするゲームだったのかがわからなくなってしまいます。ですから常にコンセプトに立ち戻って、検証する必要があるのです。

「このゲームは○○○することを楽しんでもらうというコンセプトだったはずだ。今ここにあるアイデアは○○○することをより楽しめるようにするために貢献しているだろうか？」

この問いに対してイエスなら採用、ノーなら不採用です。不採用のアイデアはどうしたら貢献するものになるかを再検討した上で、どうしても無理ならストックにしまっておきます。

また、核になるアイデアが弱いとアイデアが足りなくて小さなアイデアの核が複数できてしまうことになります。そしてそれぞれの小さな核から別々にアイデアが膨らんでいき、バラバラで散漫なゲームになってしまいます。こうなると大概は企画が膨らまないし、最終的にはまとまらないのです。図にするとこんな感じです。

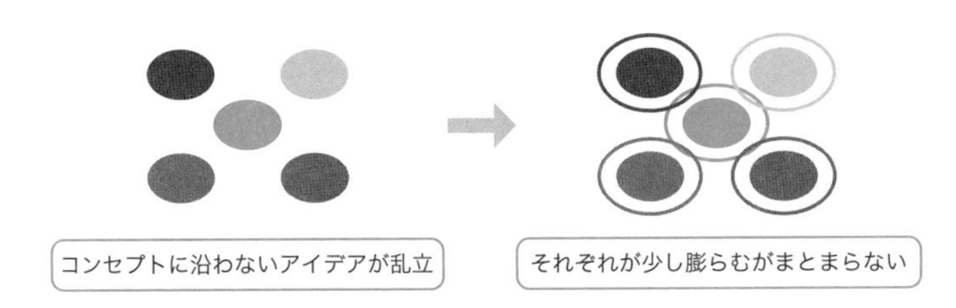

中心の核になるアイデアをちょっと膨らましたけれど、それ以上膨らまないので、別のアイデアも核になって、核が次々できて、それぞれがちょっとずつ膨らんで少しずつ被るけれどもひとつひとつは単発のアイデアに過ぎないのでそれ程膨らまないという状況です。

逆にこの核になるアイデアが強いと、ここから次々にアイデアが生まれて膨らんでいってまとまるものです。図にするとこんな感じ。

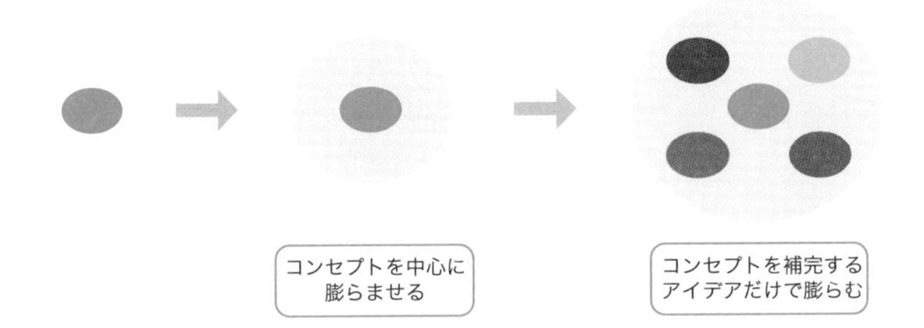

こちらは「核になるアイデアをより楽しめるようにするアイデア」が次々に出て、すべてが「コンセプトを補完するアイデア」になっている状況です。

ただし、核になるアイデアのコンセプトやテンポを邪魔してしまうために排除したアイデアも、だからといってダメなアイデアというわけではないのです。

アイデアに「絶対的にダメなアイデア」というのは存在しません。それは単にコンセプトに「合うアイデア」と「合わないアイデア」があるだけなのです。ですから、ここで合わないために排除したアイデアも、また別のコンセプトの元では光り輝く可能性があるのです。大事に取っておきましょう。

7-3-3　「風のクロノア」のコンセプト

プロの世界でも、アイデアをまとめていく過程において初めから綺麗に核になるアイデアが見つかって膨らんでいくとは限りません。何度も行きつ戻りつしながら見出していくものです。考えて、検証していくうちに違った要素が膨らんで、核が変わってしまうこともあります。

「風のクロノア」がそうでした。「風のクロノア」をプレイしたことのある方、またはYouTubeなどで動画をご覧になった方はお分かりになると思いますが、製品版の基本アクションは「敵を捕まえる」こととその捕まえた敵を利用した「攻撃」と「2段ジャンプ」です。これらがノンストップで駆けながら、流れるようにプレイできるのがこのゲームのテンポです。

しかし、Chapter5でも少し触れたように、実は開発当初は「2段ジャンプ」のアイデアはなかったのです。

「風のクロノア」の当初のコンセプトは「敵を利用して戦うアクション」でした。そしてこのアイデアを動画でイメージした時のテンポは、ノンストップで駆けながら、敵を捕まえて投げつけて、次々に敵を倒しながら流れるように駆け抜けるプレイのテンポでした。

最初頭にあったイメージは、敵を膨らませて捕まえて運ぶというものだけでした。これを利用して投げて**ぶつけて敵を倒す**「攻撃」と、膨らんだ敵を**地面に置いてその上に乗る**ことによってジャンプでは届かない場所に上がる「移動」という、ふたつのアイデアです。

このアイデアのキモは「攻撃と移動の両方に敵を使う」というところでした。これで新しいゲーム性になる予感だけははっきりありましたし、テンポもイメージできていました。

しかし、実際に創ってみると頭に描いていたテンポとは違ったのです。

当時の操作系は、ジャンプとショットの他に「置く」というボタンがある３ボタン制でした。「ショット」で捕まえ、もう一度「ショット」で真っ直ぐ投げる攻撃と、「置く」ボタンで膨らんだ敵を走りながら放り投げると、進行方向手前にポンポンポンと３バウンド跳ねて止まり、そこにちょうど走りこんできたクロノアが敵をジャンプ台にして高くジャンプするという仕様でした。

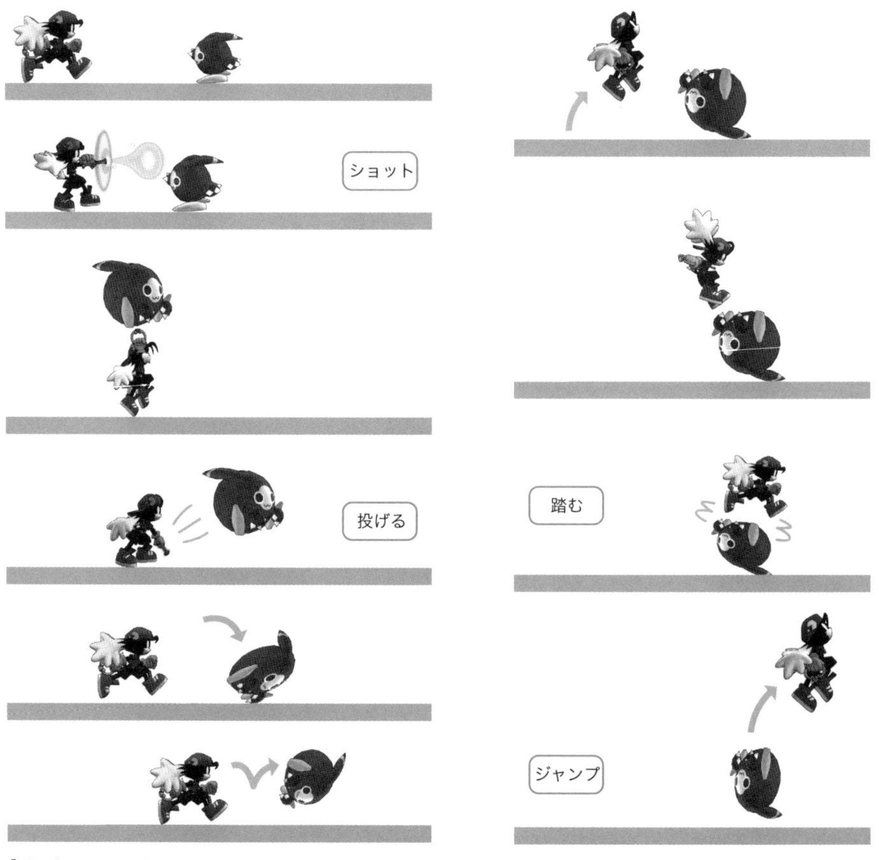

「風のクロノア」©BANDAI NAMCO Entertainment Inc.

追及していたのは走りながら敵を捕まえ、「置く」ボタンで放ると跳ねて、ちょうど止まった所にクロノアが走り込んできてジャンプするというノンストップで淀みない動きのテンポだったのです。

ところが、実際できたものは下図のような床の切れ目から上の段に上がりたい時、ちょうど床の切れ目の真下にうまく膨らんだ敵を止める必要がありますが、それが難しく、手前で止まってしまったり、行き過ぎてしまったりして、その度にまた捕まえて戻って投げるという「退屈な行為」を何度もやり直さなければなりませんでした。

それはイメージしていた「流れるように駆け抜けるプレイ」のテンポとは程遠いものでした。

「風のクロノア」©BANDAI NAMCO Entertainment Inc.

「このままではダメだ！　イメージ通りのテンポにならない！」

そうして悩んでいると、ある日の朝、新人の企画メンバーのひとりがやってきて「きのう風呂に入りながら考えていて思いついたんですが」と言いながら「2段ジャンプ」のアイデアを提案してきたのです。

それは敵を持ったままジャンプして、空中にいるうちにもう一度ジャンプボタンを押すと敵を下に蹴り落として、その反動で高くジャンプするというものでした。これなら敵を捕まえたまま、床の切れ目の真下まで行って2段ジャンプすれば上がれるわけです。

「風のクロノア」
©BANDAI NAMCO Entertainment Inc.

確かにこれは良さそうです。しかも２ボタンで多彩なアクションが実現できるのです。

そこでこの「２段ジャンプ」のアイデアを膨らませるアイデア出しをしてみました。すると次々に膨らませるアイデアが湧いてきたのです。

「空中に縦に敵が並んでいたら連続で２段ジャンプすることでどんどん高いところまで上がって行けるな」

「下に敵がいたら、２段ジャンプで敵を下に蹴り落としてぶつけて倒せるよね」

「通常のジャンプでは飛び越せない崖の谷間をジャンプ途中で２段ジャンプを使えば飛び越せるよ」

「横に並んで浮かんでいる敵を捕まえては２段ジャンプして、また捕まえて２段ジャンプと繰り返すことで空中を横移動できるぞ」

「落ちちゃいけない所にスイッチがあって、それを２段ジャンプで敵を下に蹴り飛ばしてスイッチを入れ、自分は上に上がっていくなんて芸当も可能だね」

これらをアイデア相関図にすると次のようになります。

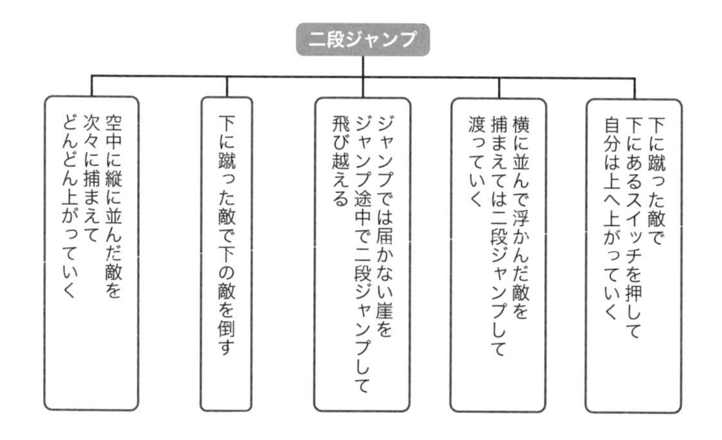

この時わたしの中ではひとつの迷いがありました。元々のコンセプトは「敵を利用して戦うアクション」であり、「移動」は限定的に考えていたからです。先ほどのアイデア相関図にするとこんな感じです。

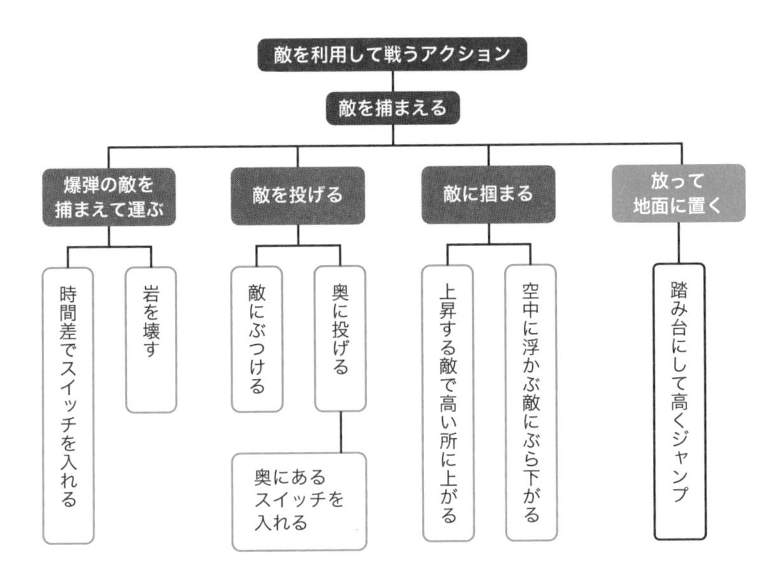

この場合、敵を地面に置いてジャンプ台にして高く跳ぶというアイデアは、敵の利用法のひとつに過ぎません。大半が敵や仕掛けとの「戦い」が主で、一部に敵をジャンプ台にして通常ジャンプでは届かないところに跳ぶ「移動」の遊びがあるといったバランスでした。

しかし、今「2段ジャンプ」のアイデアが膨らんだことでこの相関図は次のようになってしまったのです。

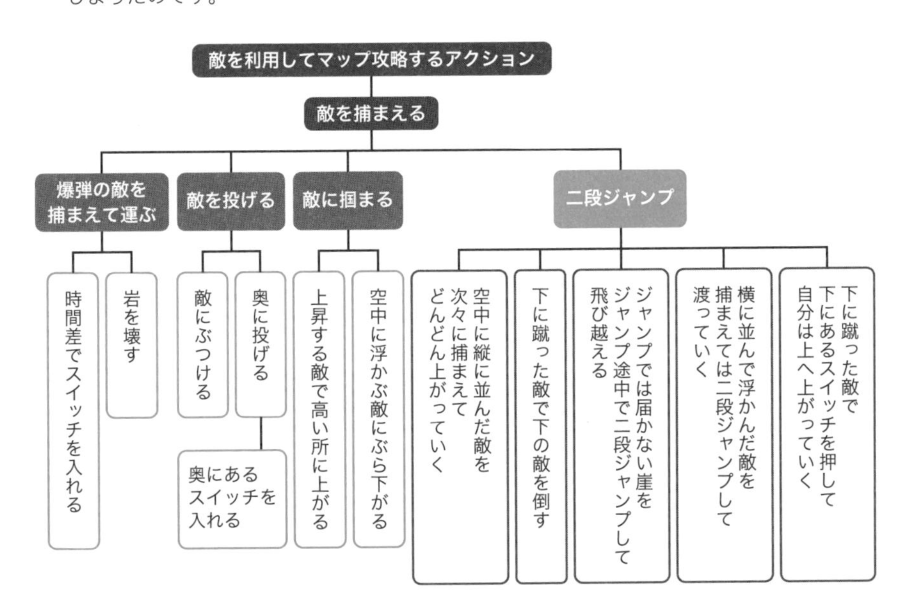

こうなると、2段ジャンプのアイデアの比重がかなり大きくなり、それまでの「攻撃」と「移動」のバランスが逆転していることに気付きました。

「2段ジャンプ」を基本にするということは、「攻撃」よりも「移動」がメインのゲーム性になることを意味しています。つまり、敵は戦う相手としてよりも移動の手段として配置されるものになり、ゲーム性をアスレチックアクション寄りに方向転換するということです。本当にそれでいいのだろうか？　それだとコンセプトが変わってしまう。そう思いました。

しかし簡単に試作して遊んでみると、正に「これだったんだ！」と思える操作感が得られたのです。頭に思い描いていた淀みない、流れるように駆け抜けるテンポのプレイが初めて実現できたのです。そこでコンセプトも「敵を利用して戦うバトルアクション」から「敵を利用してマップ攻略するアスレチックアクション」に変化しました。

こうしてクロノアの基本システムは「敵を捕まえる」ことと、その敵を利用した「攻撃」と「2段ジャンプ」になったのです。紆余曲折を経て核になるアイデアが見つかった「クロノア」は図にするとこんな感じです。

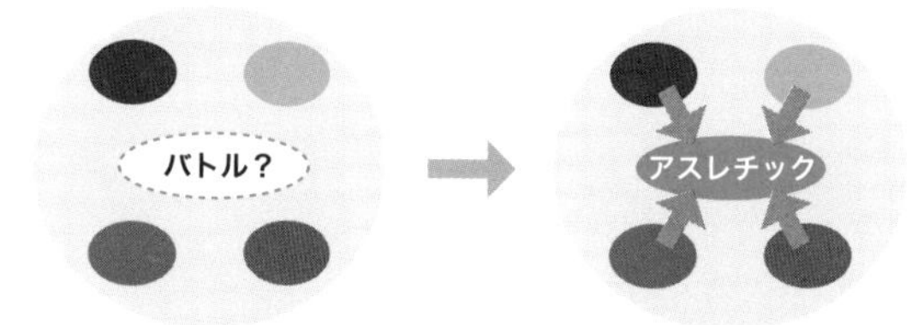

このようにいくつかの核があって、それではどうしてもうまくイメージ通りにまとまらない時は、その中心になるアイデアが足りていない時なのです。それが見つかった瞬間は「思い付いた！」というよりも、まるで数学の問題が解けた瞬間のような「わかった！」という感覚に近いです。今までモヤッとあったイメージが何もかも辻褄が合って、

「だから今までこれらのアイデアがいいと思えてたんだ！」

と気付くのです。みなさんも体験したらわかると思いますよ。

それではここまでのゲームアイデア発想法について次のページにフローチャートとしてまとめてみましょう。

まとめ

Chapter 7　アイデアを完成させる

- 何を楽しんでもらう「ゲーム」になったと言えるのかを言葉にしてみる
- コンセプトにあることが頻繁に起こらないようなら核を支えるアイデアが必要
- 核を膨らませるアイデアはコンセプトをより楽しめるようにすることに繋がっていることが必要

表３　アイデアの発想法フローチャート図

アイデアの発想法

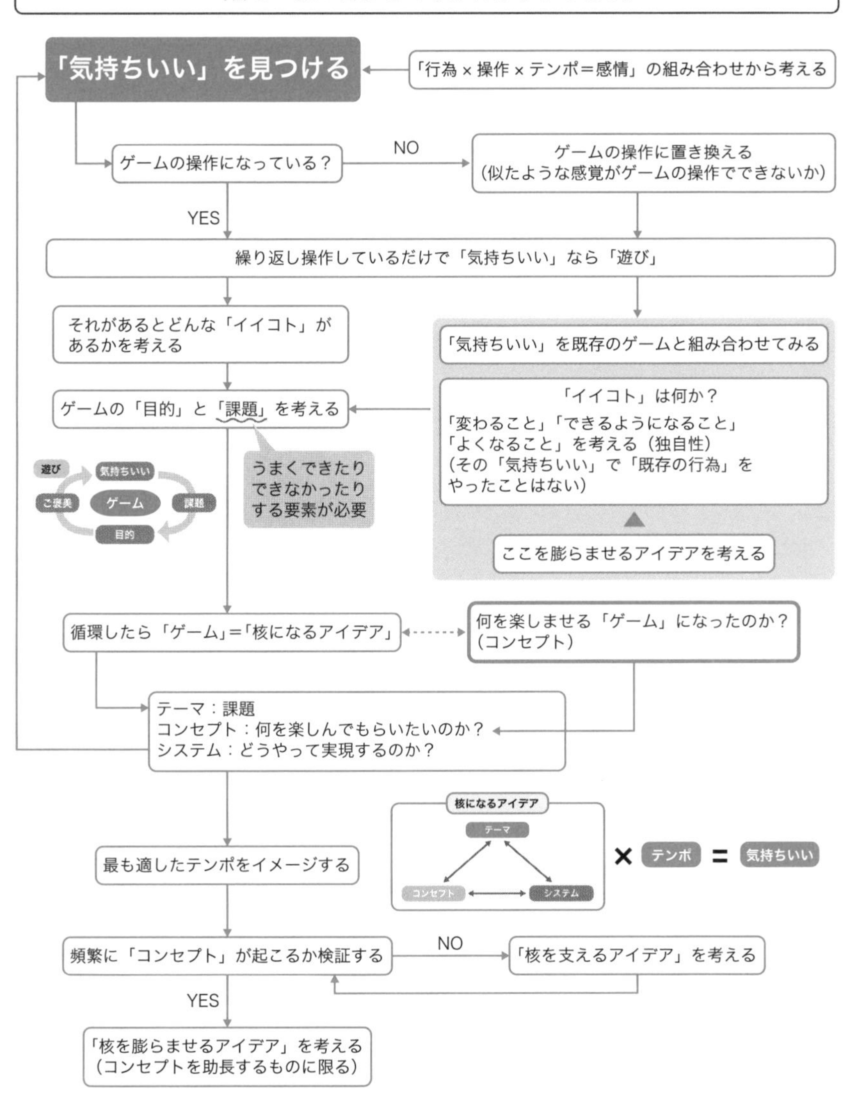

コラム

ゲームの基本は「アクション」

アイデアの種を見つけるのに当たって、まず初めにするべきことは「気持ちいい」を見つけることだと言いました。そしてそれをどんな「操作」をどんなテンポでした時が一番気持ちいいかを考えていくという発想法について述べてきました。

すると学生から、この発想法はアクションゲームに関してのものであって、RPGとかテキストアドベンチャーゲームなどの、非アクション系のゲームでは使えないのではないか？という質問がありました。

まず**ゲームの基本はアクション**だと思うのです。プレイヤーが何かの操作をしたら、瞬時に何らかのリアクションがあって、その結果に心動かされるというのがゲームです。

パズルゲームのアイデアというとなぜか詰将棋やナンプレ、クロスワードなどの非アクション系の思考をする人が多いのですが、実はヒットしているパズルゲームはみな、アクション性が高いものばかりなのです。「テトリス」や「ぷよぷよ」「ミスタードリラー」など、どれも反射神経を必要とする遊びばかりです。

それではRPGはどうでしょう？　特にコマンド入力式のRPGにアクション性はありません。しかし、そこで行なわれていることはアクションを分解して、時間を止めてからパーティ全員に個別に指示を出し、時間を進め、結果を見るということの繰り返しです。すなわち時間を止めながらアクションをやることによって「戦略」を楽しめるようにしたシステムです。これによってチーム戦のリーダーの「気持ちいい」を誰でも楽しめるようにするアイデアなのです。つまり**アクションの「テンポ」が違っているだけ**です。

また、非アクション系の詰将棋などの遊びだって、突き詰めれば解法が見えた瞬間の「気持ちいい」を軸にしてゲームが成り立っているわけですから、同じように考えても問題ないと思うのです。

要はそのアイデアの「気持ちいい」を最大化する「テンポ」を軸にして膨らませ、「課題」や「目的」、「コンセプト」や「システム」に落とし込むという発想法自体は使えると思うわけです。

アイデア会議

ゲームアイデアを製品レベルにまで高めるためには、さらに多くのアイデアが必要になります。しかし、ひとりの人間が考えることは、たかが知れています。だからアイデア会議で複数の人の脳を結集するのです。

アイデアを会議で膨らませる

チームを組んでゲーム制作をする時、みんなで集まってアイデア会議を開くことがあると思います。アイデアはひとりで黙々と考えるより、複数の人でアイデアをぶつけ合って話し合う方が自分の中にはない発想が生まれる可能性があると思うのです。

しかし、アイデア会議の進め方を注意しないと逆に迷走してしまう可能性もあります。

8-1-1　テーマを決める

まず、アイデア会議で話し合う際、漠然と「何かおもしろそうなゲームを考えよう」などと言って集まっても実りは少ないです。または「新しいＲＰＧのアイデアを考えよう」などというテーマで話し合うのもうまくいった試しがありません。自分が過去に遊んでおもしろかったＲＰＧについて語り合うだけの会になるのがオチです。

そこでもう少し絞ったテーマを決めて話し合うようにしましょう。「毎日運動をやりたくなってしまうゲームを考えよう」とか「動物と協力してマップを攻略していくゲームを考えよう」などのように。

できれば叩き台になる企画案をまとめた１枚企画書などがあるといいですね。とにかく参加者の意見ができるだけクロスするように仕向けることです。

8-1-2　アイデアはたくさん出す

学生のアイデア会議を観察していると思うことは、会議の初期において出されるアイデアが少ないことです。初期においてはできるだけいろいろな視点や観点からのアイデアがたくさん欲しいのです。とにかく数が必要です。それがクオリティに大きく影響します。

よくあるのは、アイデア出しで２～３個のアイデアが出て、そのままアイデアが出なくなり、議論があまりないままに、その中からどれがいいかを投票で決めて会議を進行してしまうことです。たったの３つぐらいのアイデアから選ぶのですから、それが目の覚めるような名案で全員が賛同して決まったのでしたらいいのですが、大抵は一番マシだと思われる案に投票が集中して、じゃあこの路線で話を進めましょう、となってしまうことが多いと思われます。これではいい結果になる可能性は低いのではないでしょうか。

はじめはできるだけ多くの選択肢を、頭をフル回転させて考えましょう。それには会議を開く１週間前ぐらいにテーマを共有して、それぞれで１週間考え続けてきてから会議に臨むのがお勧めです。会議の席上のみで考えたって、大して数は出ませんからね。

8-1-3　他人のアイデアを尊重する

他人のアイデアを聞いた時、自分と考えが違うとしても、それを単に否定する意見は言ってはいけません。むしろどうしてそういうアイデアになったのかを理解しようと努め、その上でどうすればそのアイデアが良くなるかを考えて発言しましょう。

また、理解しようとして質問する場合においても、気付かぬうちにそのアイデアの欠点をあげつらうようになってしまうことがあるので注意が必要です。例えば「そのアイデアだとこういう状況になった時どうするの？」といった質問です。アイデア初期段階では、諸々の問題があるのは当然です。それほど深くは考えていないのですから。そこにこの質問を投げかけるとどうなるでしょう。「確かに、それは考えていなかったな」と言って、そのアイデアを取り下げてしまいかねません。これでは議論は止まってしまいます。

発言しにくい雰囲気にしないように

もちろんこの質問者に悪意があったわけではなく、単に疑問に思ったので聞いただけなのかもしれません。しかし、まだ深く考えていないアイデアに対してこういった疑問だけが投げかけられてしまうと、全体に委縮してしまうものです。

こうなってしまうと、なかなかアイデアが広がっていかず、次々にしぼんでしまって、最終的には声の大きかった人の案に何となく決まってしまう、なんてことになるのです。

他人のアイデアを聞いたら、決して自分の意見に固執することなく、いい部分に目を向けて、いろいろ問題があるにしても、それを活かす意見やアイデアを出すようにしましょう。その上で、自分のアイデアにもいい部分は取り入れる姿勢が大切です。

8-1-4　考えなしに同調しない

他人のアイデアを尊重するのは大事ですが、かと言って何でもかんでも「いいね」と同調するだけなのも問題です。アイデアを出し合って、その中からひとつを選ぶのが目的なのではなくて、趣味嗜好の違うスタッフが集まって、互いにアイデアをぶつけ合うことで刺激し合い、化学反応を起こすことこそが意味ある会議なのです。ですから他人のアイデアに対して全力でそれを成立させるアイデアを考えた上で意見をしましょう。

よくあるのが、あまりよく考えていないのに何となく「いいんじゃない？」と安易に賛同してしまうことです。そのまま会議が進行してまとまったアイデアは、自分で責任もっていいと言えるものになっているでしょうか？　無責任な、雰囲気のみの発言で結論が歪んでしまうこともあるのです。「いいね」と言う時は、それによって生まれる「イイコト」は何で、なぜそれがいいと思えるのかについて、説明しながら賛同することが必要だと思うのです。それでこそ納得した上での賛同になるからです。

なぜいいと思えるのかまで考えて発言しよう

他人のアイデアの尊重と考えなしに同調しないことのバランスは難しいとは思いますが、ひとつひとつのアイデアにきちんと向き合って話し合いを行なうことが、その後のプロジェクトの成否やクオリティに多大な影響を及ぼすのですから真剣に取り組みましょう。

8-2 ブレインストーミングでアイデア出ししよう

ゲームのアイデアを考えるには、まず「気持ちいいを見つける」こと、そしてその「気持ちいい」プレイをすればするほど「目的」に近付くこと、その過程で「課題」をうまく解けるかどうかが試されること、それが達成されると「ご褒美」がもらえてさらに「気持ちいい」をしたくなる、という循環ができたらそれが「ゲーム」であり、「核になるアイデア」が確立したことになるということでした。

そうしたら後はこのアイデアをコンセプトに沿って膨らませていけばいいわけです。それはプランナーやディレクターがひとりで考えるのではなく、スタッフみんなで考えましょう。ひとりの人間が考えることは所詮たかが知れているのです。ここは複数の人の脳を相互作用させて、互いのシナプスを増やしていきましょう。

そのアイデアを膨らませる際に有効な手段としてブレインストーミングがあります。通称ブレストです。これはひとつのテーマに沿って、複数人で集まって短時間にたくさんのアイデアを集めるのに有効なのです。

8-2-1 ブレストの準備

ブレストを始めるには、まずホワイトボードか、模造紙を用意します。後はサインペンですが、太すぎると書きづらいですし、細すぎると遠くから見にくいので注意してください。また、ポスト・イット® ノートのような付箋（ふせん）は 75×75 の正方形のものが適しています。ストップウォッチは時間を計るのに使います。

参加人数は 5 ～ 6 人が最適です。あまり少ないといろいろな視点のアイデアが出にくいですし、あまり多いと収拾がつかないので、このぐらいがちょうどいいのです。

さて準備ができたら次は進め方です。

まず司会とタイムキーパーを決めます。司会は今回のブレストのテーマを宣言します。テーマはできるだけ絞った方がいいでしょう。「おもしろいゲームのアイデアを考えよう」なんてテーマでは範囲が広すぎて効果が薄れてしまいます。もっとみんなのアイデアが交差するようにしたいので「スマホのスワイプを使った遊びを考えよう」とか、具体的にコンセプトや基本仕様が決まっている企画について、「このコンセプトを活かすギミック（仕掛け）を考えよう」などのように範囲を絞りましょう。

8-2-2　個人ワーク

次は時間を５～10分と区切って、各人が黙々とテーマに沿ったアイデアをサインペンで付箋に書いていきます。この際、ひとつのアイデアは１枚の付箋に書いてください。もしそれが基本は同じで少しだけ違っているアイデアだったとしても、別の１枚として書いてください。できるだけいろいろな斬り口で、いろいろな視点から考えてほしいのです。その時は、前にも書いたように「動画で考える」ことです。さらにそのテンポも一緒にイメージしましょう。

そしてここで最も大事なことは、とにかく質より量を出すことです。うまいこと言おうなんて思わずに、頭に浮かんだことはどんどん書き出してください。こんなこと書いたら笑われるんじゃないかなとか考えない！　突飛な案やくだらないことは大歓迎です。むしろ常識に囚われない自由な発想が必要なのです。また、これじゃあ当たり前すぎておもしろくないな、などと考える必要もありません。とにかく頭に浮かんだのなら書くのです！

付箋に書くことは、他のみんなに自分の考えを伝えることが目的ですから、文章で伝わりにくければ簡単な絵を描いても構いません。絵心が無い人でも棒人間だったら描けるでしょう？

8-2-3　発表

タイムキーパーの人は残り数分前になったらみんなに知らせてください。そして時間になったら「終了！」と宣言します。

手元には各人 10 枚以上のアイデアがあるでしょう。それをひとりずつ順番にホワイトボードや模造紙の前で発表していきます。

自分のアイデアを 1 枚ずつホワイトボードに貼りながらみんなに説明するのです。それを聞いている時、自分と同じアイデアだったら手を挙げて「わたしも同じことを考えました」と言ってすぐ側に貼ります。

または似ているアイデアだったら「わたしも似たアイデアなんですが、少し違っているのは…」などと追加ですぐ下に貼っても構いません。

人のアイデアを聞いていると、自分の頭の中にはなかった発想や視点が刺激になって、その場で別のアイデアを思い付いてしまうかもしれません。そんな時は「今のアイデアから思い付いたんですが…」と、追加でアイデアを口にして構いません。そうしたらそれをその場で付箋に書いてすぐ下に貼るのです。こうして**積極的に他人のアイデアに便乗・発展させる**のです。

このようにして全員が発表し終わるまで続けます。

ここで最も大事なことは絶対に他人のアイデアを否定しないことです。たとえ自分と正反対の意見だったとしても、否定してはいけません。むしろどこかいいところを探して誉めてください。突飛な意見やくだらないアイデアも絶対に否定しないでください。斬新だねぇ、とかそういう発想も新鮮だね、などというように肯定するのです。とにかくアイデアを気兼ねなく気軽に口にできる雰囲気づくりが大切なのです。

8-2-4　振り返りと評価

全員発表し終わったら、全体をみんなで見直して振り返ります。ここではアイデアの傾向を分析したり、どういう種類のアイデアが集まったのか分類してみたりしましょう。その上で各人が感じたことを話し合います。

そうするとある方向性が見えてきたり、特に気になったアイデアがあったりする場合があると思います。そうしたら今度はそれをテーマにしてブレストを行ないましょう。

こうして 3 ～ 4 セット繰り返すと大体 1 時間程かかると思います。ブレストはそれぐらいでやめるのがいいのです。これ以上続けると疲れて頭が回転しなくなりますからね。

それとブレストをやる時、よく摘まめる甘いお菓子をテーブルに出してみんなでそれを食べながらやっていました。糖分は脳のエネルギーになるそうですし、会議然とならないので気軽に発言しやすくなる効果が期待できるのでお勧めです。

「それいけ！ランナーくん」のブレスト

それでは実際にブレストをやっているところを再現してみましょう。

ここにはＡ、Ｂ、Ｃ、Ｄ、Ｅ、Ｆの６人が集まりました。司会はＡが、タイムキーパーはＢが担当することになりました。

8-3-1　ブレストの開始

まず司会がテーマを発表するんでしたね。

Ａ「それではブレストを始めます。今日のテーマは『それいけ！ランナーくん』という企画について、そのコンセプトを膨らませるアイデアを考えてもらいます。まず『それいけ！ランナーくん』についてですが、テーマはジャンプ、コンセプトは『次から次へとスピーディに崖を飛び越えてジャンプするスリル』を楽しんでもらいたいです。そしてシステムは『右レバーで走る』のと『ジャンプボタンでジャンプ』のみといったシンプルな操作系になっています」

それいけ！ランナーくん

テーマ：ジャンプ

コンセプト：

次から次へとスピーディに崖を
飛び越えてジャンプするスリル

システム：

右レバーで走る

ジャンプボタンでジャンプ

A「プレイのテンポはこのようにダ――――とノンストップで駆け抜ける感じをイメージしています。今日はこのコンセプトを活かすアイデアを考えてもらいたいと思いますのでよろしくお願いします」

ダ――――とノンストップで駆け抜けるテンポ

8-3-2　個人ワーク

B「時間は 10 分になります。それでは用意、スタート！」

ここで各人黙々と付箋にアイデアを書き始めます。

そして 7 分経過しました。

B「あと 3 分です！」

そうして 10 分経過します。

B「はい、終了です」

8-3-3　発表

A「それでは順番に発表してもらいます。まずはわたしから」

そう言ってAさんはホワイトボードの前に立ち、付箋を貼りながら説明します。

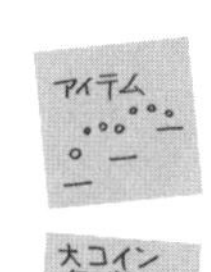

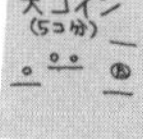

A「空中にアイテムが浮いていて、それを取りながら進むといいと思います。マリオのコインみたいなものです。後、1個でアイテム5個分になる大コインもあってもいいかな、と。それからジャンプ台があって、これを踏むと大ジャンプするんです」

ジャンプ台はアイテムとアイデアの種類が違うので違う行に貼ります。

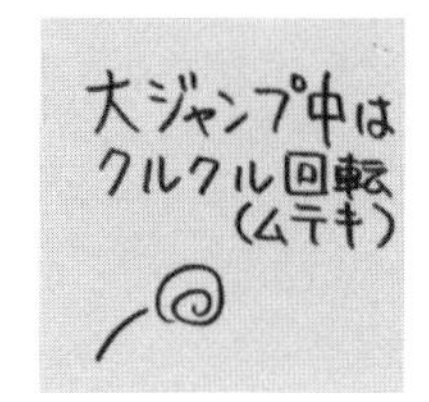

E「あ、いいね、大ジャンプ。そのジャンプ中は無敵になるとか」

A「あ、なるほどね。じゃあ、それも書いてください」

ということでEさんは今考えたアイデアを付箋に書いてすぐ下に貼ります。

A「それでは続けます。フィールドの仕掛けのアイデアなんですが、乗ると落ちる床とか、加速する床、逆向きに加速する床、それとこれはジェット噴射でビューンと移動するアイテムです」

それを聞いたEさんが手を挙げます。

E「わたしもジェット噴射に似たアイデアがあります。わたしのはエアを噴射するんですが、こんな風に画面にエアメーターがあって、走れば走るほど貯まっていって満タンになると使える技になります。それに付随してエアカプセルというアイテムがあって、これを取るとエアメーターが満タンになるんです」

そう言いながら自分の付箋を追加して貼ります。

A「なるほど。それだとエアカプセルを取る前には使いたくなるね。わたしのアイデアは以上です。次はBさん、お願いします」

B「まずアイテムで取ると加速する加速玉と、逆に減速する減速玉。それからコース上に回転するスピナーがあって、そこを通ると回転して点数が入ります。できるだけ加速した状態でスピナーを通るとより高得点になるわけです」

D「それはおもしろいね。コース取りを工夫できそうだ」

B「後は２手に分かれるルートがあって、人それぞれでコース取りが変わるんです」

C「僕もルート分岐のアイデアなんですが、ワープホールがあるんです。一方の穴に入るとそれに対応している別の穴から出てくるとおもしろいなと」

B「それはびっくりするね。わたしはこれで終わりです」

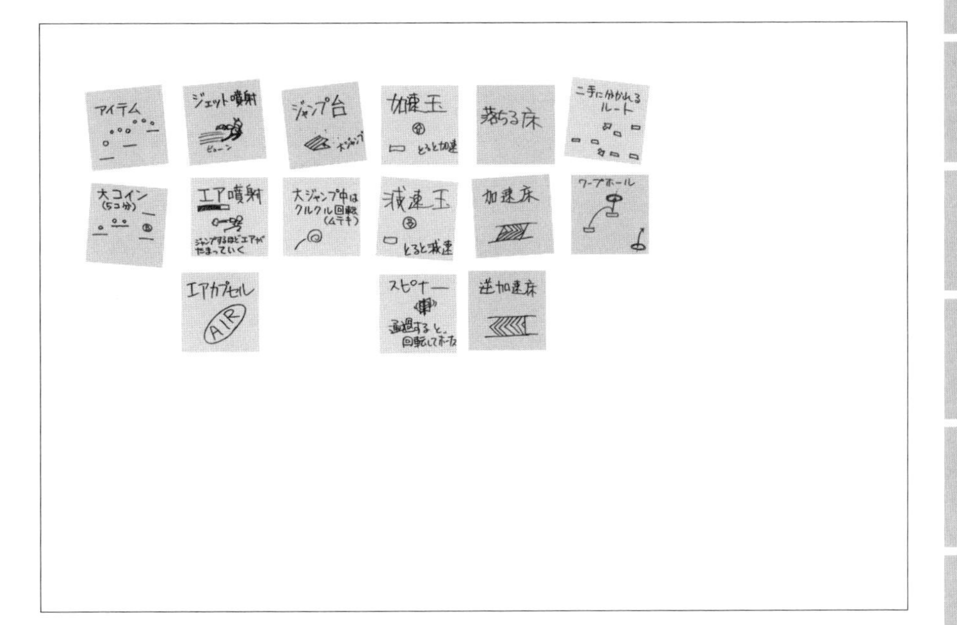

C「では続けて僕が。世界観を宇宙にして考えたんですけどね。隕石とかブラックホールとか流星とか、あと宇宙人とか」

F「宇宙人！　それはすごい！」

C「次はDさん、どうぞ」

D「では。あんまり思い付かなくて２つしかないんですけど。ひとつは踏んだら大爆発する床があったらびっくりするかな、と」

E「それはびっくりするね。それで吹っ飛ばされてすごい先まで早く行けちゃったりして」

D「そうそう。そのつもりなんだよね。吹き飛ばされるのが笑えるしね。もうひとつは強制スクロールのステージもあったらいいかなって」

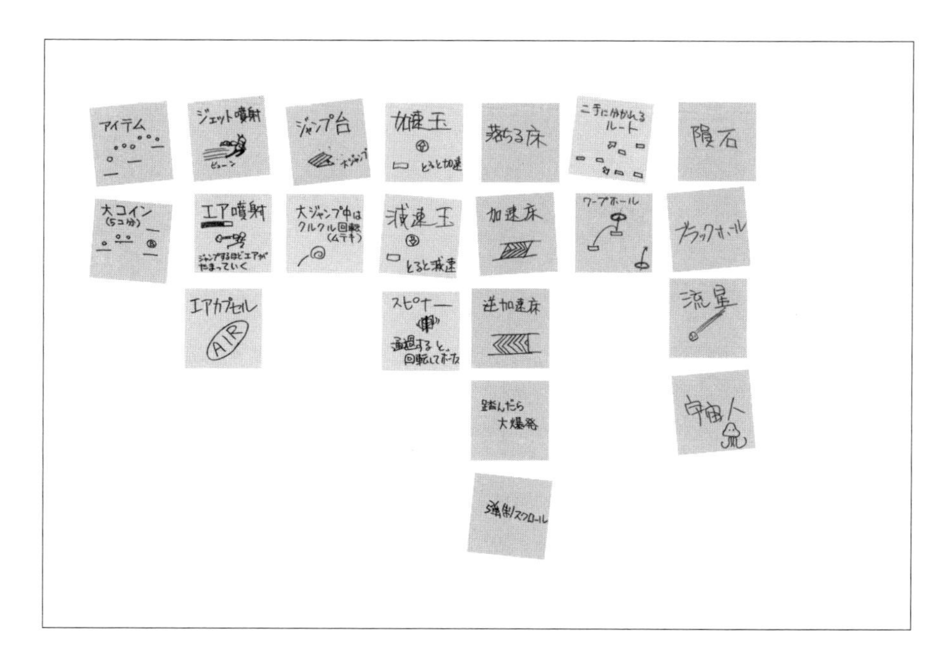

E「ではわたしの番だけど、さっきほとんど出しちゃったから残ってるのは、この火の輪くぐりだけです」

D「火で思い付いた。床と床の間に火炎噴射があって、噴き出すタイミングを見定めてジャンプするのはどう？」

A「テンポが変わっていいね。それじゃあDさん、書いて追加してください」

B「最初に出たジャンプ台でさ、大ジャンプ台っていうのがあって、それに乗ると画面外までビューンと飛んで行って見えなくなって、しばらくしたら画面上部から落ちてくると面白いと思わない？」

C「おー、それ、ド派手でいいね」

A「じゃあ、それも追加して。では最後はFさん」

F「俺はゲーム下手だからすぐ落っこちちゃうんで、そんな時に下にお助けトランポリンがあって、1回だけ助かるといいなと思いました。あと、敵のアイデアを考えたんですけど、床の上で左右にウロウロする敵と、ネズミみたいなすばしっこい敵です」

B「敵は考えてなかったけど、今思い付いた。床を跳ねてくるピョンチーと階段状になった地形を転げ落ちてくるゴロンです」

F「最後は装備アイテムのアイデアなんですけど、ロケット噴射靴って言って、一定時間空中浮遊できる靴です。それとこれを装備していると下にいる敵を噴射で倒すことができるので、着地地点に敵がいても安心なんです」

A「たくさんアイデアが出ましたね。みなさん、ありがとうございました」

8-3-4　ブレストに役立つアプリ

ブレストをやる時にお薦めのアプリがあるのです。その名もPost-it® App。ポスト・イット® 製品を発売している3M社の公式アプリです。ポスト・イット® ノートを貼ったまま画像として取り込んで整理できるアプリです。App StoreやGoogle Playから無料でダウンロードできます。

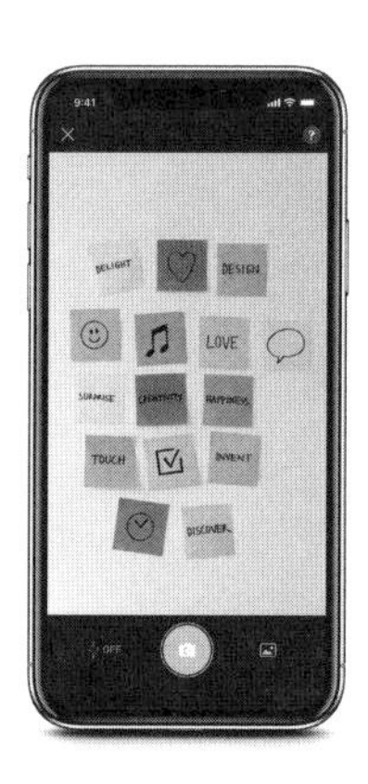

アプリを起動して、カメラ機能でホワイトボードに貼られたポスト・イット® ノートを撮影します。

すると右図のようになります。✓マークが付いているものはポスト・イット® ノートとして認識されたものです。認識されていないものはタッチすると認識されます。

それでも形がうまく認識されていないものは、四辺を指で動かして自由に調節できます。

すべて認識したら「Create Board」をタッチするとボード毎に各ポスト・イット® ノートがオブジェクト化されます。

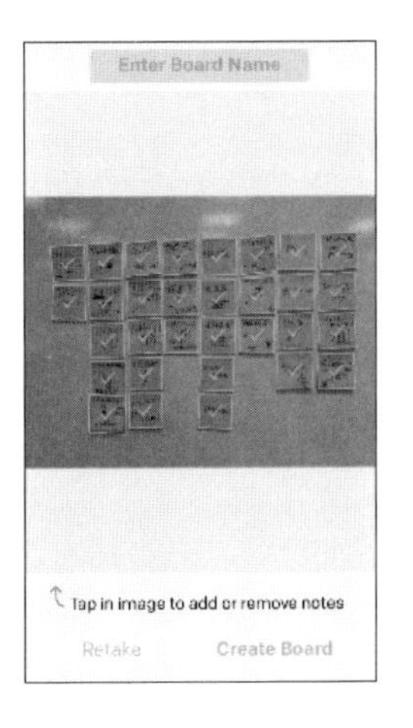

ここで角度を揃えたり、詰めて並べたりもできます。

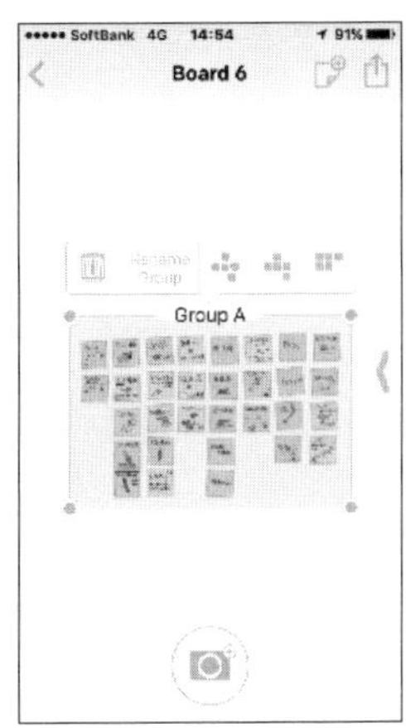

そしてこのデータをPDFやPowerPoint、Excel、ZIPなどに変換して、MessageやMail、DropboxやEvernoteなどに添付、転送することができます。

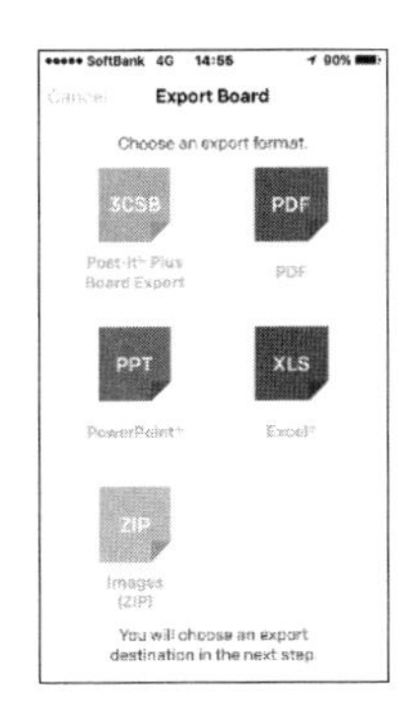

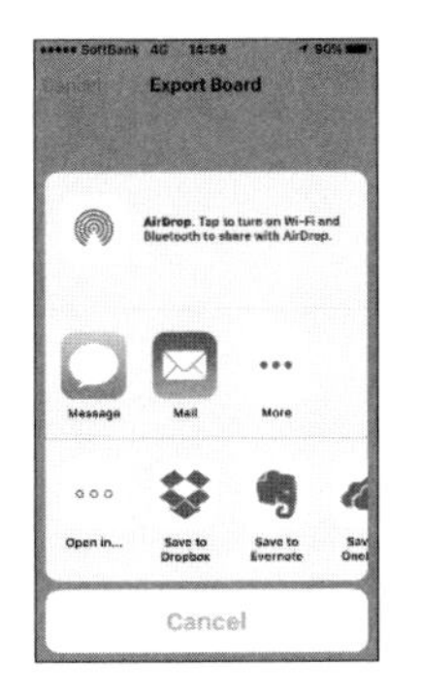

これら1枚1枚のポスト・イット® ノートがオブジェクト化されており、自由に移動させたりできますので、出たアイデアを整理するのにとても便利です。

各ポスト・イット® ノートがオブジェクトに

Excel にも変換できる

個々に動かして並べられるので分類に便利

ぜひお試しください。

演習13　テーマから気持ちいいを考える

気持ちいいことをできるだけたくさん書き出してみましょう。ただしテーマを決めて考えてもらいます。そのテーマは

「まわる」

です。何か「まわる」もので気持ちいいことが起こる瞬間をいろいろな状況、パターン、テンポ、視点で想像してみてください。もちろん「動画で考える」ことをお忘れなく。

まずは「まわる」から連想されるものを次々に動画でイメージしてください。

そうしたら今度はそれぞれについて、それがまわって、次に何が起こると気持ちいいかを次々に動画でイメージするのです。

その中で一番「気持ちいい」と思えたものを残し、それをどんな操作方法で、どんなテンポでやったら最も「気持ちいい」かを考えましょう。

①どんな操作をどんなテンポでやって
②何がどんな風にまわって
③どんなことが起こると気持ちいいか？
【制限時間15分】

1
2
3
4
5
6
7
8
9

次にこの「気持ちいい」を誰か別の人に説明して聞いてもらってください。その際、気持ちいいことが起こっている瞬間を、テンポを意識して伝えてください。
伝えたら、今度は相手に今の説明を聞いて頭の中にどんな映像が浮かんだかを話してもらってください。
これが自分の頭の中で動いていた映像と同じ内容、同じテンポだったら合格です。違っていたら、どこが違っているのか、なぜ違って伝わったのかを考えてみましょう。

以前行なった講演で出た題材の回答を参考までにご紹介します。

フラフープ / 福引きのガラガラ / コマ / 鍵 / コイン / コーヒーカップ / ルーレット / ピザ
ハムスター / 回転遊具 / 丸テーブル / ルービックキューブ / ドライバー / なべ / ペン回し
竹とんぼ / 舵 / 傘 / 風車 / タッチペンで円を描くと竜巻 / 指でバスケットボール / 回転椅子
ハンドル / 投げ縄 / ボリューム / 猫じゃらし / 地球儀 / ハンマー投げ / 砲丸投げ
時計の針 / 洗濯機 / フィギュアスケート / 寿司 / コマ / 扇風機 / 台風 / 玉で街を破壊
高速回転で敵を弾き飛ばす / 歯車をガチャッとはめる / ハンドスピナー / バイク
剣を振り回す / 周回コース / ヨーヨー / ベイブレード / ミニ四駆 / ドリル / 鉄球 / 自転車

あなたが考えたものと同じものもあったでしょうし、なるほどと思えたものもあったでしょう。ここでも注目してもらいたいのは、それぞれを動画で考えた時のテンポです。どうですか？　どれもテンポが違っていませんか？
フラフープは腰を廻すリズミカルなテンポですし、竜巻を発生させる時はグルグル～とタッチペンを高速回転させるでしょうし、ハンマー投げは初めゆっくりで次第に速くなっていき、最後にパッと放すテンポでしょう。時計の針を合わせる時、最後はゆっくり慎重になりますし、歯車をガチャッとはめた瞬間、回転が伝わって他の歯車も一斉に動き出します。
このように**アイデアにはそれぞれに最も「気持ちいい」になるテンポがある**のです。ですからアイデアを考える時、そのテンポも同時に考える必要があるわけです。アイデアを考える時は動画で考えようと言っているのは、テンポも同時に考えるようになるからなのです。
そしてその頭の中で動いているアイデアを他人に伝えるためには、そのテンポまで伝えることが必要だということです。

演習 14　ブレストをやってみよう
ブレインストーミングの練習をしてみましょう。
次ページからの企画書を読んだ後、アイデアを考えてもらいます。

Chakram Hero
チャクラム・ヒーロー

企画書

吉沢秀雄

Chakram Hero
チャクラム・ヒーロー

テーマ：チャクラム

コンセプト：

チャクラムを駆使して、
敵と戦ったり、マップや
仕掛けを攻略するアクション

システム：

移動、発射方向
□ チャクラム発射
× ジャンプ

サイドビューの横スクロールアクション

ロボタンを押すと 360°アナログレバーを入れた方向にチャクラムを発射することができます。

Chakram Hero
チャクラム・ヒーロー

チャクラムは発射されるとマイキャラを追って戻ってきます。うまく誘導すると敵を一網打尽にすることもできます。

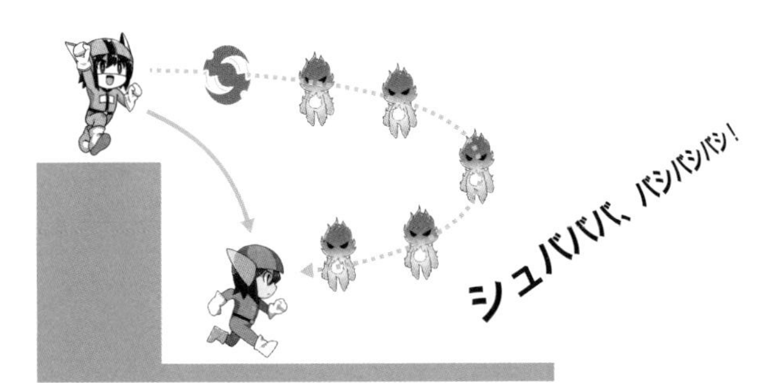

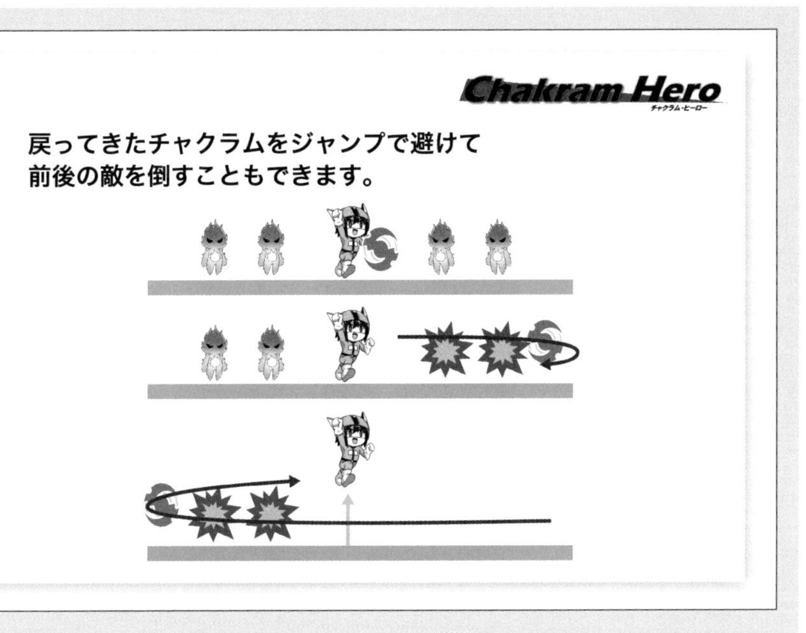

これはブーメランのように投げたら戻ってくるチャクラムが特徴のアクションゲームになります。ここがこの企画の独自性というわけです。ですから、ここを伸ばしていくことでこのアイデアはさらに他のゲームと違ったものになるはずです。

そこであなたに考えてもらいたいのは**チャクラムの活用法**です。

マップ（地形）やギミック（仕掛け）、トラップ（罠）、敵の動きや攻撃、アイテム、謎解きなど、何でも構いません。とにかくチャクラムを活かすアイデアを考えてください。

もしあなたの他に一緒にこのアイデアを考えてくれる人がいるのでしたら、ぜひブレスト形式でやってみてください。ひとりの人はまずは個人作業をやってみましょう。

10分間、黙々と頭に浮かんだイメージを付箋に書いてください。それが終わったらひとりずつ発表をしていきましょう。

次のページから、以前行なった講演で出たアイデアのなかからわたしが気になったものの一例をご紹介しますので自分のアイデアと同じもの、違っているものを検証してみてください。

ひとつだけ注意してもらいたいのは、これが正解とか、違っているから不正解とかいうわけではありません。あくまでもアイデアを膨らませるために刺激を得ることが目的なのですから。

移動

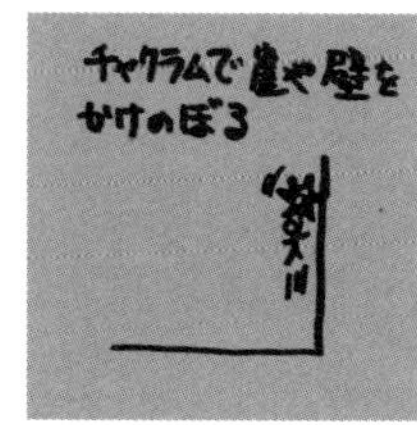

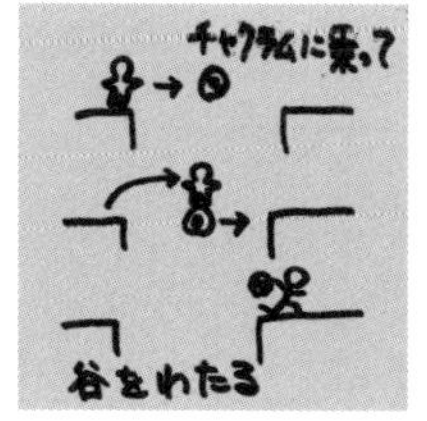

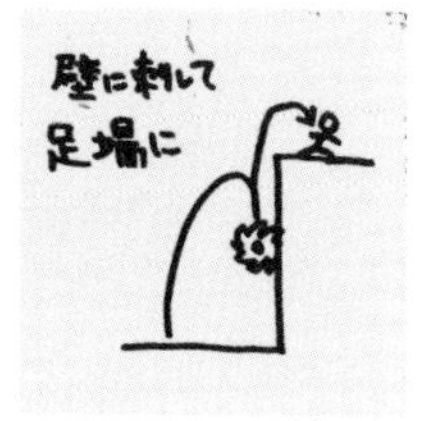

敵

チャクラムの活用法

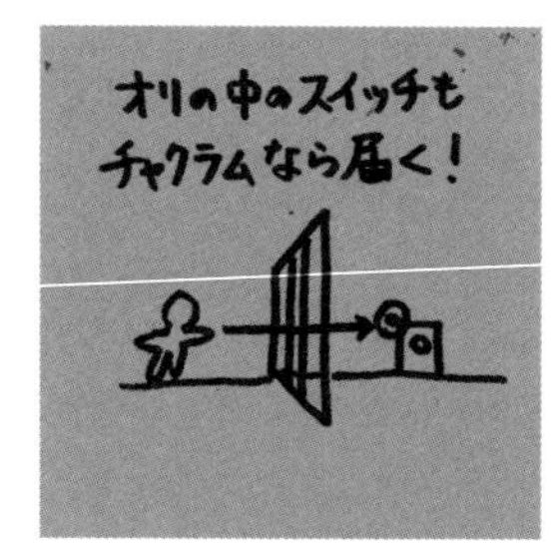

チャクラムが
手元にないとき
移動速度が
上がる

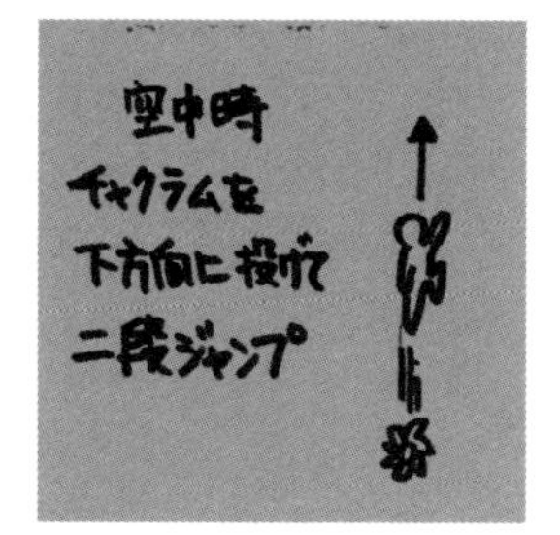

ギミック

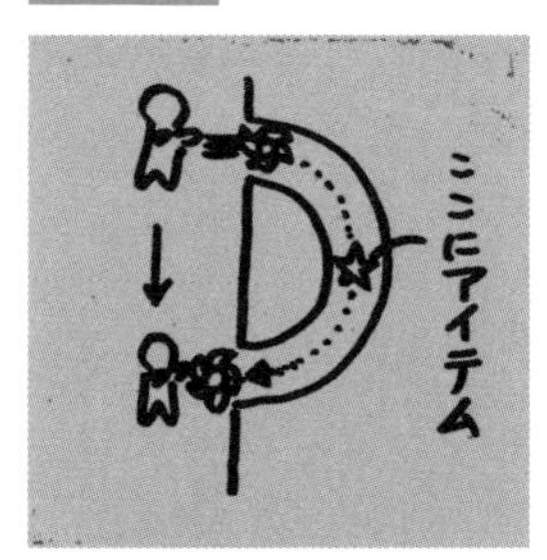

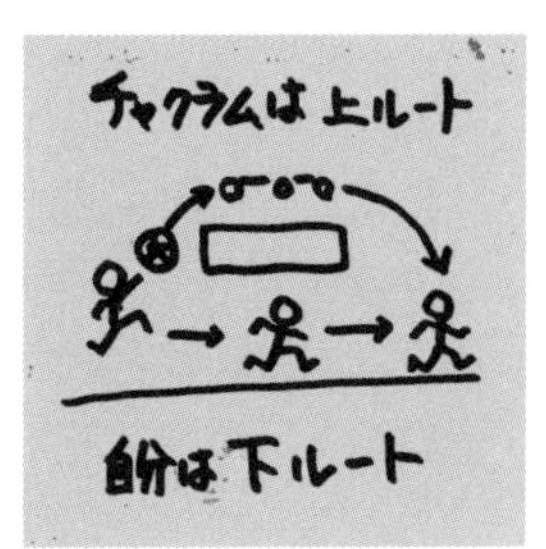

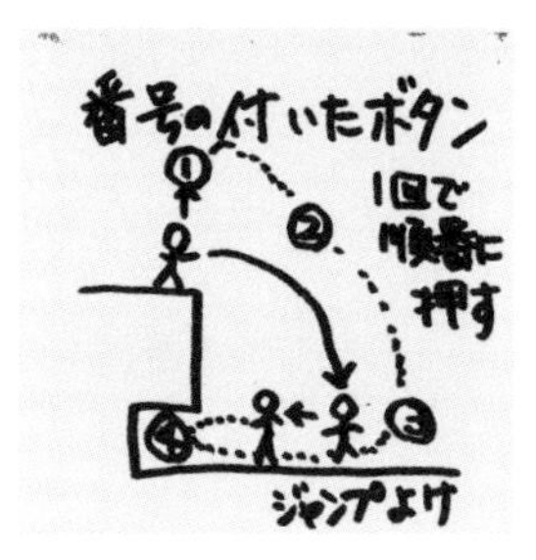

新仕様

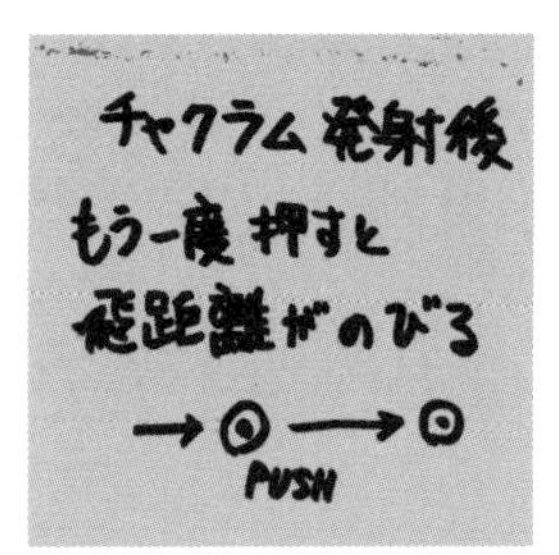

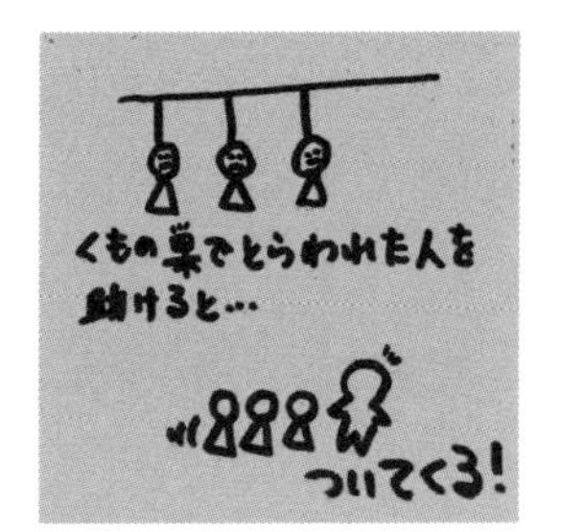

いかがでしたか？　次は自分のアイデアについてテーマを絞って、仲間を集めてブレストをやってみましょう。自分では思い付かなかった視点や切り口を見つけられると思いますよ。

まとめ

Chapter 8　アイデア会議

- 「核を膨らませるアイデア」をたくさん出すにはブレストが有効
  - ①個人個人で10分程、黙々とアイデアを付箋に書き出す(1枚に1アイデア)
  - ②順番に付箋を貼りながら自分のアイデアを説明する
  - ③否定しない、むしろ誉める
  - ④他の人が発表中、自分と同じアイデアだったらその都度近くに自分のアイデアを貼る
  - ⑤他の人が発表中、触発されて別のアイデアを思い付いたらその場で書いて貼る
- ブレストの原則
  - ①とにかく質より量！
  - ②突飛な案、くだらないことは大歓迎！
  - ③否定しない！　むしろ、誉めろ！
  - ④他人のアイデアに便乗・発展させろ！

コラム

「達成感」について

授業で「気持ちいい」や「コンセプト」についての課題を出すと、よく見かけるのが「達成感」という言葉ですが、これが曲者です。

例えばそのゲームでは何が「気持ちいい」なのかという問いに「敵を全滅させて達成感を得ること」とか「ゴールする達成感を得ること」などといった感じで使われています。また、そのゲームの「コンセプト」は何かという問いに「達成感を感じてもらうこと」などと書いてあるのです。

しかし、これらは間違いです。もう一度「ゲーム」の循環を思い出してみましょう。「達成感」は「目的」の結果生まれるものですから「気持ちいい」や「課題」には使えないのです。そしてこの循環が回るようになったら「ゲーム」と言えるわけですが、それがすなわち「核になるアイデア」の「コンセプト」、つまり「何を楽しんでもらいたいのか？」(何を楽しむゲームなのか？)なのですから、その「コンセプト」にも「達成感」という言葉を使ってはいけないのです。

「達成感」は「目的」を達成した時に感じるものであり、どんなゲームにも存在します。だからそのゲームの独自性にはなり得ないのです。

もっとそのアイデア独自の「気持ちいい」や「遊び」を言葉にする必要があるわけです。

ゲームアイデアの傾向と対策

アイデアを考えるときによく陥りがちなパターンを先に知っておくことで、誰もが陥りがちなアイデアになってしまうのを防ぐことができるし、アイデアを考える際のポイントやコツなどを学ぶこともできます。
まずサンプルの企画案を読んで、どういうゲームなのかを理解してから、その後の解説をお読みください。念のため申し添えておきますが、これらの企画案は企画内容を理解してもらうために用意したものであり、決して企画書の書き方のお手本になっているわけではありませんので悪しからず。

9-1　箱を運べばいいんじゃない？

ROBOX
ロボックス

テーマ：ロボット

コンセプト：

伸縮自在のアームとレッグを
使ってマップを攻略する

システム：

L 移動

R アームとレッグを伸縮

×　ジャンプ

R1　つかむ

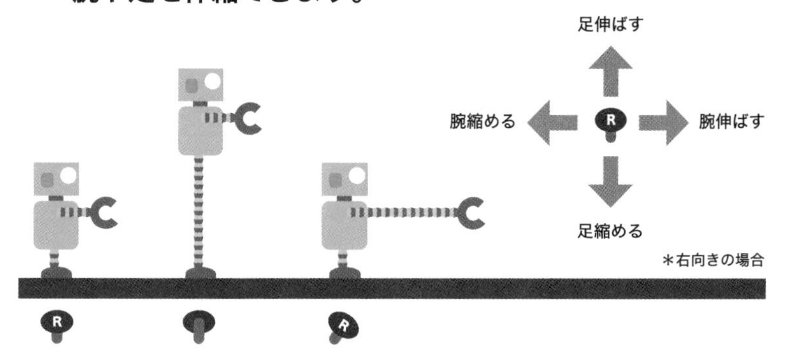
ROBOX
ロボックス
サイドビューの横スクロールアクション
ロボットは右アナログスティックを操作することで
腕や足を伸縮できます。
足伸ばす
腕縮める
腕伸ばす
足縮める
＊右向きの場合

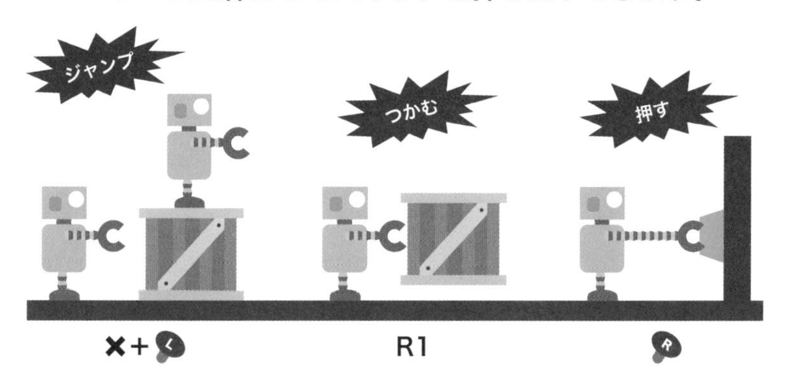
ROBOX
ロボックス
・×ボタンで箱一個分のジャンプができます。
・アームで触れている箱はR1で箱を掴んだり、
アームを伸ばしてスイッチを押したりできます。
ジャンプ
つかむ
押す
×+
R1

ROBOX
ロボックス

これらをうまく使ってマップを攻略していきます。

利用法１

ジャンプが届かなくて
先に進めない……

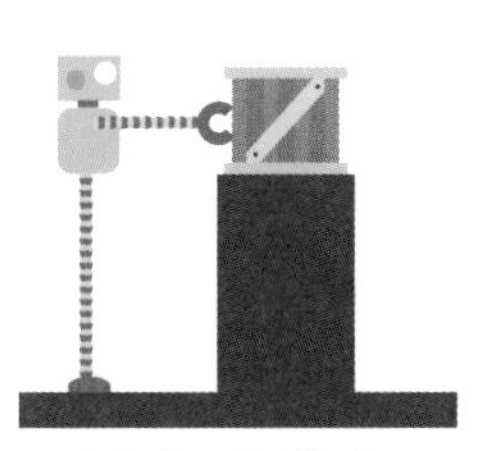

そんな時は足を伸ばして
上にある箱を掴み、

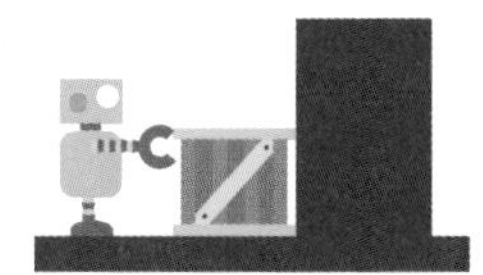

下に降ろせば階段になる

ROBOX
ロボックス

利用法２

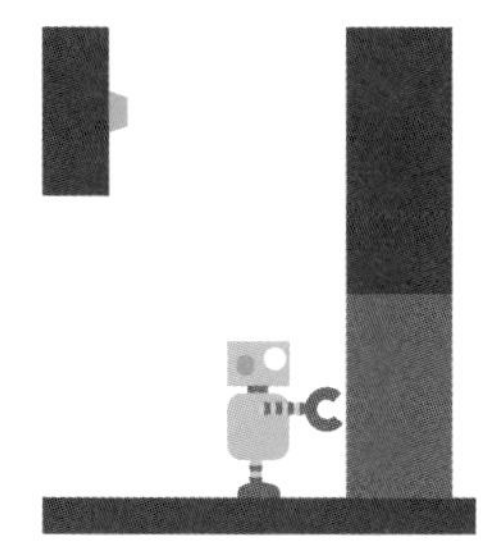

扉が閉まっていて
先に進めない……

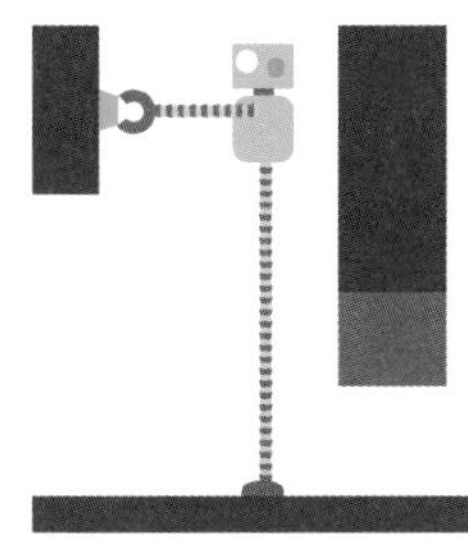

そんな時は足を伸ばして
上にあるスイッチを
腕を伸ばして押すと

扉が開いて
通れるようになる

解説

いかがですか？　似たような企画を考えている人もいるんじゃないでしょうか？

この登れないところに他から箱を持って来て台にして登るというアイデアは、いろいろなゲームに登場する仕様ですし、誰でもすぐに「ははぁん、あの箱を台にすればいいんだな？」と思い付くので難易度の低い謎解きとして重宝されています。

「バイオハザード」や「アンチャーテッド」などのアクションアドベンチャーゲームには必ずと言っていいほど登場するアイデアです。

それをメインにして、手足を伸ばすことができるロボットを駆使してマップを攻略するゲームとして楽しんでもらいたいというのがこの企画です。

傾向

確かにアクションアドベンチャーゲームにはこの箱を台にする仕掛けがよく登場します。しかしそれらはゲームのメインではありませんよね？　基本的な遊びは他にあって、その途中でアクセントとしてちょっとした謎解きがあり、そこに登場するアイデアです。

一方この企画では、まさにこの箱を運んで設置して、台にして登るという行為がアイデアのメインになっているわけです。これでは「遊び」ではなく、単なる「作業」です。だって誰がやったってその箱を下に降ろして台にすることは思い付くし、それを実行するのは誰にだってできます。やれば必ずできることを単にやらされるのは「作業」です。それは面倒くさいだけです。面倒くさいことはおもしろくありません。なぜでしょうか？　それは「うまくできたり、できなかったり」する要素がないからです。その「作業」がメインの遊びなんておもしろいわけがありませんよね？

この手のアイデアの企画は、その操作でできることを考えただけで、それがどういうスリルを生むのか、どんなおもしろさにつながるのかまで考えていないことが多いのです。箱を運んで台にして登るというアクションを入れたことで十分ゲームになったように思ってしまっているのです。

もっとひどい場合は単にキャラクターを操作して箱をつかんで運び、台にして登るというだけのこともありますが、この企画の場合、まだマシなのは、手足を伸縮するという他にないアイデアがあることです。これには可能性を感じます。

さて、自分の企画をよく見直してみましょう。単なる「作業」になっていませんか？　それは「うまくできたり、できなかったり」する要素を含んでいますか？

対策

それではどのように考えていけばいいでしょうか？

この企画の場合、他のゲームには見られない独自性がありますよね？　そう、手足を伸縮できるところです。アイデアを膨らませていく時のポイントは、この独自性をどんどん膨らませていくアイデアを考えることでした。そこにアイデアがたくさん入っていたら他のゲームでは味わえない遊びを体験できるものになっているわけですから。

だからこの場合だったら、箱の上げ下ろしなんていうのはメインの遊びのアクセントに過ぎなくて、手足が伸縮するからこそできるアクションを考える必要があるのです。その上でそのアクションを駆使してマップを攻略したり、敵とのやり取りが起こったり、タイミングを計ってアクションしたり、それを使って解ける謎解きやギミック（仕掛け）やトラップ（罠）などのアイデアがたくさん考えられるようでなくてはいけないのです。

え？　それは何かって？　それを考えるのはあなたの仕事じゃないですか！　頑張って考えてみてください。もしこれが1、2個しか出せないようだったら、この手足が伸縮するロボットというアイデア自体がダメなのです。別の「気持ちいい」を探さなくてはいけませんね。

それではこの手足を伸縮させてできるアクションが確立できたとして、これを駆使してこの箱を上げ下ろししたり、スイッチを押したりするアイデアを見直してみましょう。その場合もやはりこのままでは「作業」でしかありませんね。

要はこの「作業っぽい」のがいけないわけです。わたしはこれを「やらされてる感」と呼んでいます。では「作業」と「ゲーム」はどう違うのでしょうか？

「作業」というのは「やることはわかっていて、やればできること」です。できて当たり前なので面倒くさいのです。積極的にやりたいとは思わないでしょう。これは楽しくないですね。

「ゲーム」というのは「やることはわかっていて、うまくできるかどうかチャレンジすること」です。このテクニックには、反射神経やタイミング、知恵やひらめきが関わっています。

つまりゲームは障害があって、それを自分のプレイスキルを使って攻略するところにスリルがあるのです。それが自分にできるかどうか、試してみたくて、積極的にやりたいと思えれば「ゲーム」になっていると言えるでしょう。

例えばプレイヤーの操作テクニックが必要だったらどうでしょう？　いつでも箱を動かせるわけではなく、あるタイミングで素早く動かす必要があったら、ちょっとドキドキしてスリルを感じるのではないでしょうか？

次の図のように、足を伸ばそうとすると敵が横に往復して飛んでいるのでそのタイミングを計って素早く伸ばして取ってこないといけない、となっていたら、イチ、ニィのサン！　で足を伸ばして手を伸ばして箱を掴んで引いて足を縮めるという一連の操作を敵が戻ってくる前に完了しなくてはなりません。そうしたら頭の中で操作をシミュレーションして、敵の動きのタイミングを見計らって「今だっ！」という瞬間に操作し始め、テキパキ操作するテクニックが必要になって、時には戻ってくる敵に焦って箱を掴みそこなったりするかもしれません。そうしたら「あぁ、惜しかった」とか「しまった！」とか「危なかったぁ」とか「間に合ったぁ」とか「やったぁ！」とかの感情が生まれるでしょう？　こうして心が大きく動くことが「ゲーム」には必要なのです。

ROBOX
ロボックス

敵の動きを見計らって……

敵が通り過ぎた瞬間に
足を伸ばし、手を伸ばして
箱をつかむ

戻ってくるまでに箱を降ろす

またはプレイヤーのひらめきが必要だったら、それがひらめいた瞬間「わかったぞ！」という興奮を与えることができるのではないでしょうか？

例えば「アンチャーテッド」だったら、登れない崖の足場に使えそうな箱が手の届かないところにあって、よく周りを観察するとその箱が載っている台が壊せそうだと気付き、それを銃で撃って壊すと箱が落ちてくるので、それを押して崖の下まで運ぶと登れるようになる、なんていうシチュエーションがありますね。この場合、プレイヤーのできる基本操作、銃で撃つという行為でできそうなことというのがヒントになっているわけです。

このように箱を台にして登るというアイデアは、メインの遊びではなく、アクセントとして使われる場合ですら、ちょっとした工夫があったりするのです。

メインの遊びが単なる「作業」になっていないか確かめてみよう。

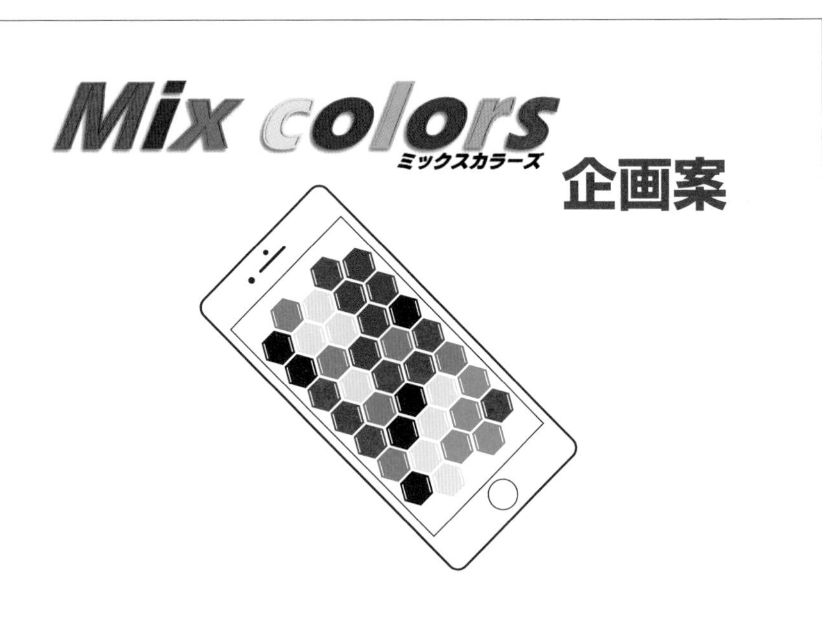

Mix colors
ミックスカラーズ

テーマ：色

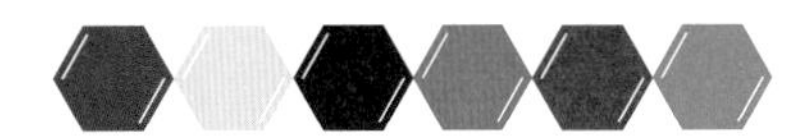

コンセプト：

色を混ぜてブロックを消す

システム：

スワイプでブロックを動かす

隣り合ったブロックと色が混ざる

5つ以上繋がると消えて得点

Mix colors
ミックスカラーズ

画面には 6 色のブロックがランダムに積まれています。

Mix colors
ミックスカラーズ

スワイプでブロックを動かし、隣り合った
ブロックに重ねると色が混ざり、変色します。

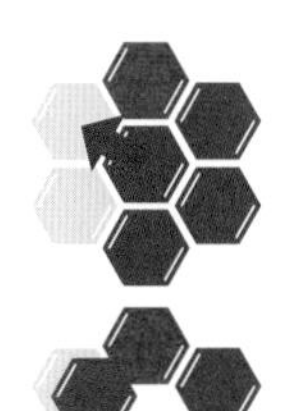

スワイプで赤紫ブロックを
動かし…

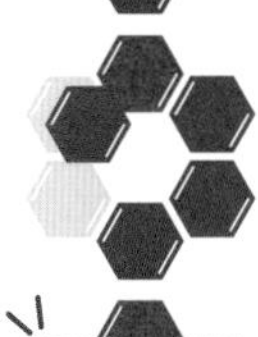

隣り合った
黄色ブロックに重ねると…

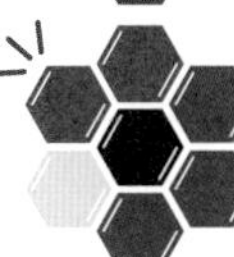

赤ブロックになります。

Mix colors
ミックスカラーズ

その結果、5つ以上同じ色が繋がったら消えて
上のブロックが降ってきます。

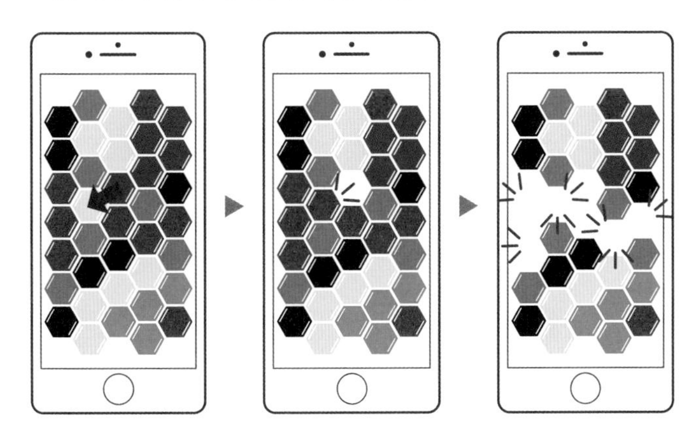

Mix colors
ミックスカラーズ

色ブロックは色の三原色になっていて、混ぜると
下記のように変色します。

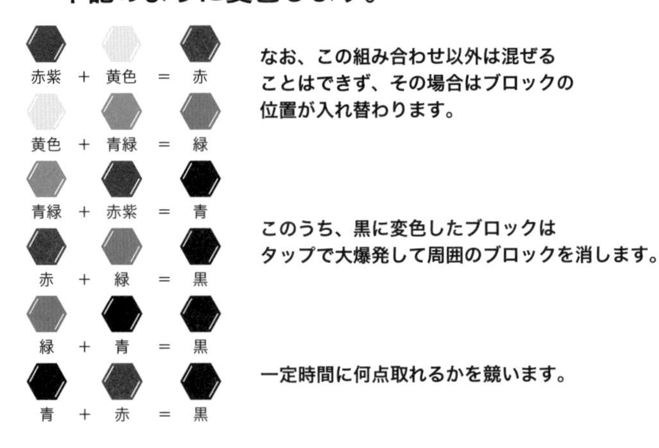

解説

ゲームには色を要素としたものがたくさんあります。「コラムス」や「ぷよぷよ」などの落ち物パズルもそうですし、わたしがプロデュースした「ミスタードリラー」も色がモチーフになっています。

この企画では、同じ色を扱ってはいますが、色を混ぜるということを中心にしたパズルゲームというのが最大の特徴となります。

どの順番で混ぜていったら効率よくブロックを消すことができるかを考えながらプレイするのがこのゲームの醍醐味です。

傾向

「コラムス」や「ぷよぷよ」とこの企画を比べてみてください。大きな違いがあることに気が付きませんか？

前者はどれも同じ色だとくっついて消えるという仕様です。要は数種類あるブロックの種類をひと目でわかるように色分けしているのです。一方この企画の場合の色の扱いはどうでしょう？　色を混ぜた時、別の色になるのですから、言ってみれば7種類あるブロックを色分けし、なおかつどのブロックとどのブロックが重なるとどのブロックになるかという関係を覚える必要があるのです。

前者は直観的で、後者は論理的です。このタイプのパズルは瞬間的に判断して操作をする遊びですので、そのルールは直観的でないとストレスになります。そういう意味ではこの企画のような「色」の使い方はこのタイプのパズルゲームにはあまり向いていないと言えるのです。

アイデアを考えていると一度は「色」に着目したことがあるのではないでしょうか？　色を使った遊びは見た目も華やかですし、なかなかに魅力的なテーマだと思います。その「色」をテーマにしたアイデアの中でも、結構な頻度で見かけるのがこの「色を混ぜる」というアイデアです。

ここで扱っている「色」は、いわゆる「色の3原色」をテーマにしているわけです。色の3原色とは青緑（Cyan: シアン）赤紫（Magenta: マゼンタ）黄色（Yellow: イエロー）から成り、これらの色の量を調整して混ぜ合わせることで、すべての色が作れるというものです。インクジェットのプリンターのインクカートリッジがこの理屈ですよね？　この知識を得ると、これはゲームに使えそうだ！　と思って考え始めるのでしょう。

確かに合成すると別の色になるという法則はゲームのルールっぽいです。

しかしこの知識はグラフィックデザイナーや印刷関係の仕事をされている方はいざ知らず、一般的とは言えません。だから直観的にわからないのが欠点です。「赤紫と黄色を混ぜたら何色？」と聞かれて、即座に「赤！」と答えられますか？黄色と青緑を混ぜたら緑！　と淀みなく答えられる人はどれぐらいいるでしょうか？

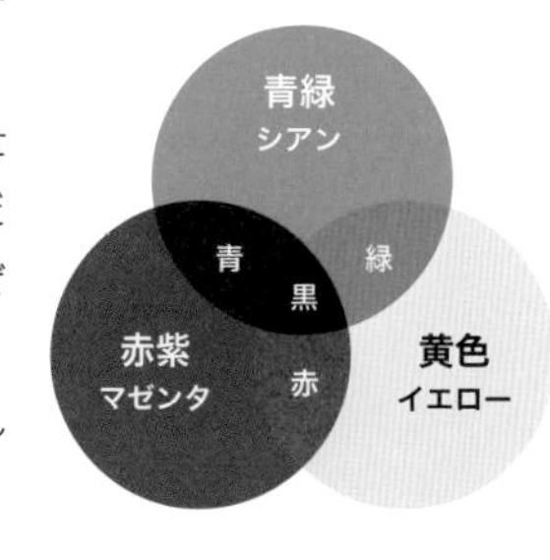

そのような直観的ではなく、知識を必要とする要素を、直観的にすばやく組み合わせを見つけて操作しなければならないパズルゲームに使うのは難しいと思うのです。

それと色の３原色の青緑、赤紫、黄色と赤緑青が混ぜられず、場所が入れ替わるだけというのも理屈がわかりにくいですよね？

対策

この企画はスマホのゲームとして、指でスワイプして遊べるようになっています。直接動かしたいブロックを指でスワイプするのは直観的で気持ちよさそうです。そしてそれが重なった時、色が変わるのも、色がそろって消えるのも演出をうまくやれば気持ちよくできそうです。そういう意味では「操作しているだけでも気持ちいい」になっていると思います。

それからもし色の３原色の青緑、赤紫、黄色と赤緑青が混ぜられず、場所が入れ替わるだけなのがわかりにくいのだとしたら、例えばそれぞれ形を変えて色の３原色は丸い形、赤緑青は六角形としたら、丸と丸、六角形と六角形は混ぜられる、という風に直観的に判断できるように改良することも可能ではあります。

Mix colors
ミックスカラーズ

色ブロックは色の三原色になっていて、混ぜると下記のように変色します。

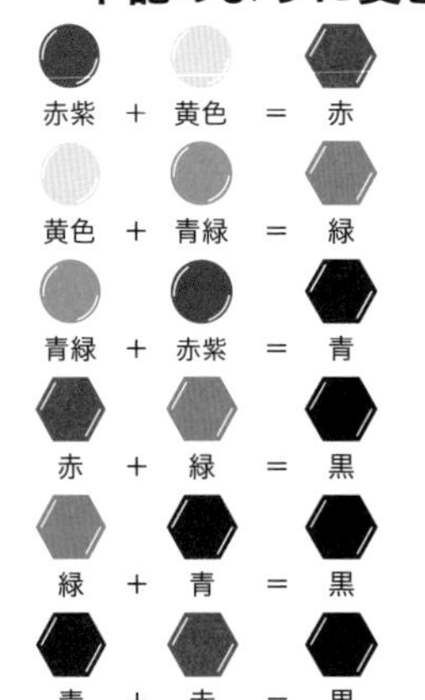

ただし、丸い形同士、六角形同士しか混ぜることはできません。丸と六角形を重ねようとすると位置が入れ替わります。

このうち、黒に変色したブロックはタップで大爆発して周囲のブロックを消します。

一定時間に何点取れるかを競います。

しかし、だとしても色の３原色の関係を知識として持っていて、わかる人でないと直観的に遊べそうにありませんから、欠点は解決していません。これは速いテンポのパズルゲームとしては致命的です。なぜなら、もし間違えて色を混ぜて、違う色になったとしても、それをプレイヤーはちゃんと色の組み合わせを覚えていなかった自分のミスだとは思わず、このゲームがわかりにくいのがいけないと考えるからです。

プレイヤーがミスした時がとても大事です。ミスした瞬間、それはゲームをやめてしまうきっかけになり得ます。ゲームは必修科目でもありませんし、生きるのに必要なことでもありません。だから少しでも気が削げてしまったら、いとも簡単にやめられてしまう宿命を負っています。

ゲームをやめられないようにするためには、ミスした瞬間の納得性が不可欠なのです。今のミスは完全に自分の失敗によるものだった、次こそはもうこんな失敗はしない、だから次はきっとクリアできる、と思えているうちは繰り返しプレイしてもらえるのです。

ですから色を扱うのでしたら、原色の赤、緑、青、黄色といったわかりやすい色を使い、同じ色をそろえるという方が誰にとっても直観的に遊べるものにできるので、この仕様のゲームが多いのです。

もちろんゲームの遊びやテンポによっては、色の３原色の組み合わせを覚えてでも遊びたくなるアイデアはあり得ますので、考える価値はあると思います。

最後にひとつ、色をテーマとして扱う時に気を付けてもらいたいことがあります。それは色覚異常についてです。

カラーバリアフリーやカラーユニバーサルデザインという言葉を聞いたことがあるでしょうか？　これは色の見え方が一般の人と異なる人にも情報が正確に伝わるように配慮すること、またそのデザインを指します。色の受け取り方が一般と違う人は国内で300万人、世界では２億人いると言われています。実はわたしも赤緑色弱で、薄い赤と薄い緑とか、ピンクと明るいグレーの見分けがつけにくいのです。だから「ミスタードリラー」の開発時には、見分けにくいブロックのデザインを使用するステージは２色面、３色面に限り、緑は使わないなどの配慮をしてもらいました。ちなみに初代の「ぷよぷよ」はステージが進んで色が増えると、わたしには見分けがつかなくて遊べなくなってしまいます。最新作では改善されていることと思いますが。

もしあなたが「色」にゲーム的な意味を持たせるのならば、このカラーバリアフリーについて配慮してください。もちろんグラフィックデザイナーの方もお願いします。

ポイント

「色を混ぜる」というアイデアは直観的ではないので注意が必要。
ミスした時の納得性が重要。

9-3　色のパワーを使ったらいいんじゃない？

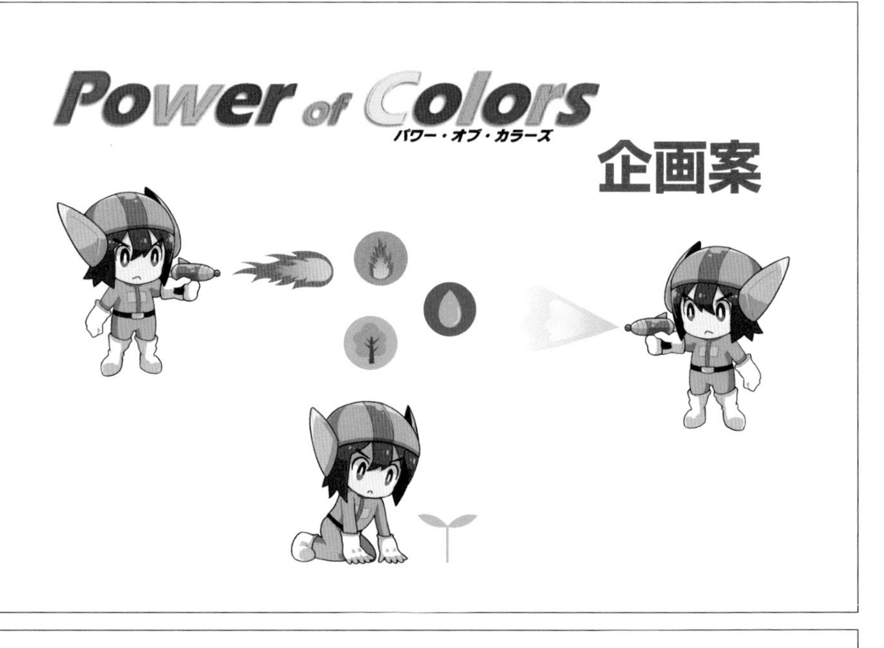

Power of Colors
パワー・オブ・カラーズ

テーマ：色

コンセプト：

3色のアイテムの力を使ったアクション

システム：

赤は火を発射して攻撃

青は水を噴射する

緑は木を植える

Power of Colors パワー・オブ・カラーズ

主人公は３つのアイテムを取ることで能力が加わります。

赤は火を発射
できるようになる

青は水を噴射
できるようになる

緑は木を
植えられるようになる

Power of Colors パワー・オブ・カラーズ

アイテムを駆使してマップやトラップを攻略していきます。

赤アイテムを取り、火を発射して敵を倒すことができます。

青アイテムを取って、水を噴射して行く手を阻む炎を消すことができます。

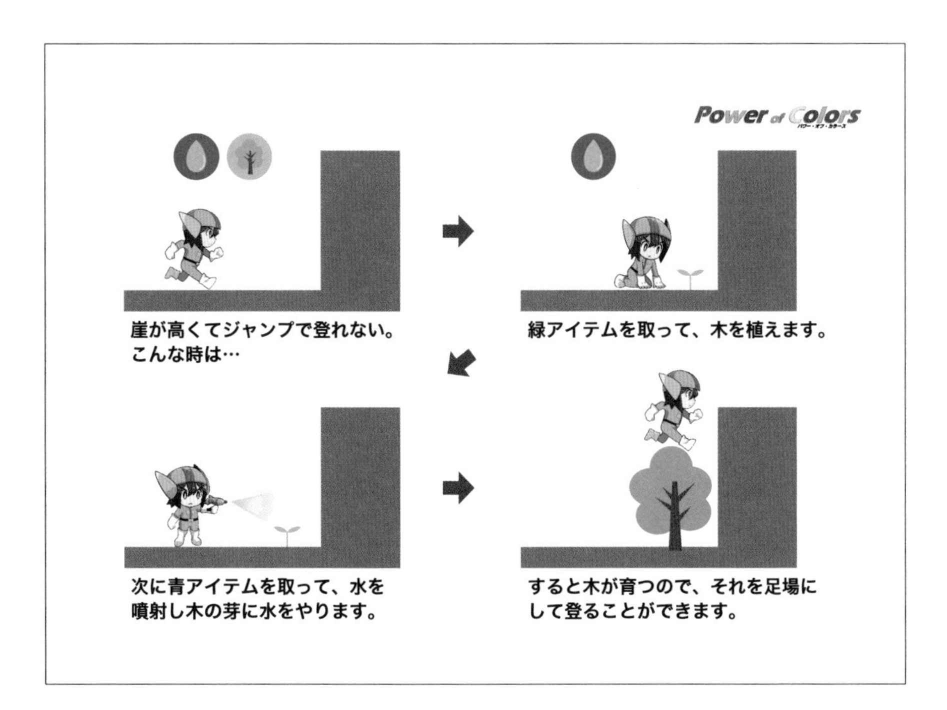

解説

これも色をテーマにしたアイデアです。3つの色のアイテムがあり、それぞれその色からイメージされる要素の効果を持っています。赤は火、青は水、緑は木という風に。

そしてそれぞれの効果を駆使することで、マップを攻略したり、敵を倒したり、トラップを回避したり、謎を解いたりしながら、ゴールを目指す横スクロールアクションゲームとなっています。基本的にはいわゆる横スクロールアクションゲームの基本要素である移動とジャンプはあるようです。スピーディに走り、軽快にジャンプして崖を飛び越え、敵と戦い、きっと最後にはボスが待ち受けていることでしょう。

それに、水を発射するのはちょっと変わっています。さらに木を植えるアクションゲームは聞いたことがないので新しい感じがします。

傾向

確かに水を発射したり、木を植えたりという行為は珍しいので新規性が感じられます。しかし、これらはゲームシステムとして脈絡がなさすぎます。

この企画者はおそらく色から連想される要素をゲームに当てはめていったのでしょうね。すると、これだけで核になるアイデアができたような気になってしまったのです。しかも、今までにない要素を入れることもできて新規性が感じられたのでしょう。

しかしここで問題なのは、アイテムの効果に使う要素がこの企画の核であるにもかかわらず、その要素について、あまり深く考えていないことです。赤と言えば火、青と言えば水、緑と言ったら木でしょう、とパッと思い付いたことを核にして、無理矢理それをゲームっぽく並べたにすぎません。

思い付きからスタートするのは悪いことではありません。しかし、そこから先は、それによってどういう「ゲーム」が実現できるのかをしっかり考える必要があるのです。

これらのアイテム効果によってできることは、これ以外に何かあるのでしょうか？　このアイデアが「核になるアイデア」なら、これを中心にして「核を膨らませるアイデア」がたくさん出せないとすぐに行き詰ってしまいます。

例えば次のようにそれぞれが移動の効果を持っているというアイデアが追加されたらどうでしょう？

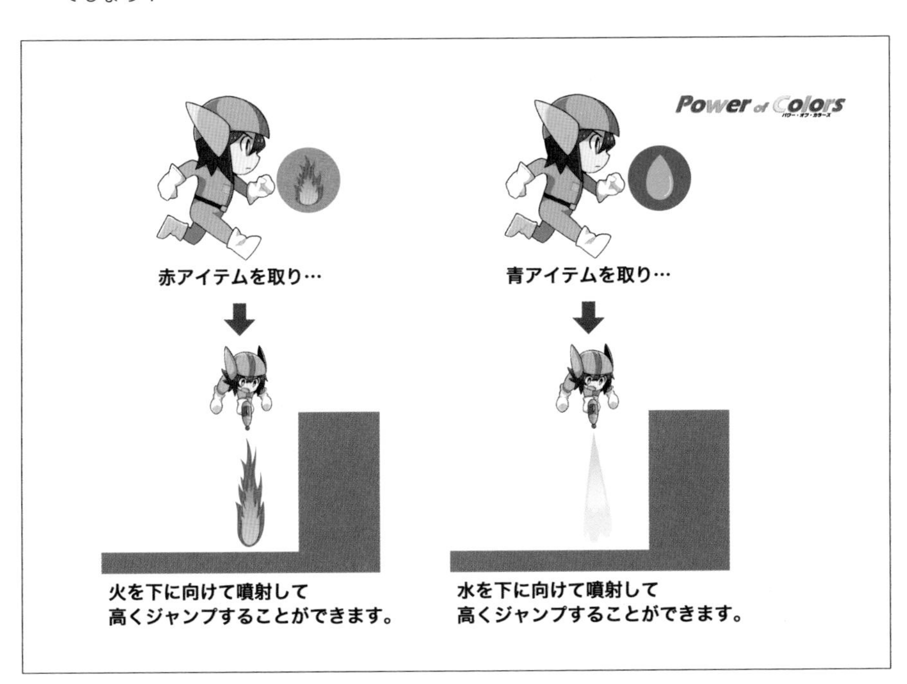

これだとどのアイテムを取っても高くジャンプできるだけで、アイテムの効果を駆使してマップを攻略する楽しみを味わってもらうというコンセプトが実現できていません。アイデアが膨らまなくて、無理矢理効果を足した感じは否めないですね。

このような核になる要素については、安易に思い付きだけですぐ決めてしまうのではなくて、もっともっとたくさんの候補をアイデア出しし、それをひとつひとつ吟味した上で選んでもらいたいのです。

アイデア出しという観点から言うと、この「色から連想する」やり方は厳しいかもしれません。赤から連想されることを100個考え、同様に青や緑から連想したことも100個集まったとしても、そこから３個の要素を選んで、それぞれがゲームバランスを取れるようにするのは至難の業ですし、ひょっとしたら存在しないかもしれません。

そもそもこれらのアクションがアイテムを取ることでできるようになるというのが疑問です。これではそのアイテムが置いてあるところでしかそのアクションをできません。これでは「やらされてる感」満載です。つまり「作業」に他なりません。

そして最後の「木を育てて足場にして高いところに上る」というアイデアですが、これはよく見かけるアイデアです。例えば「時間を戻したり、進めたりできる能力」を持つ主人公のゲームで、高い崖の麓に木の芽が生えていて、その場で時間を進める操作をすると木に育って高い崖を上ることができるようになる、といった具合です。これも単なる「作業」にすぎないので「やらされてる感」が強いです。ゲームにとって大事な「うまくできたり、できなかったり」する要素がないのです。

対策

アイデアを考える時に、初めにやるべきことは「気持ちいい」を見つけるということでした。この場合、基本のアクションが「アイテムを取る」ことであり、それ自体が気持ちいいのではなく、アイテムの効果が気持ちいい必要があります。

それではアイテムの効果はどうかというと、火を発射して敵を倒すのは普通に気持ちいいかもしれませんが、水を発射するのはどう気持ちいいのか、ましてや木を植えることの何が気持ちいいのかわかりません。

アクションゲームの場合、アクションの基本となる行為（プレイヤーが操作してできること）がまず「気持ちいい」必要があるのです。そしてその「気持ちいい」行為をうまくやることで、マップを攻略できたり、敵をやっつけたり、敵を避けたり、仕掛けや謎を解いたり、罠を回避したりして、バリエーションが生まれる必要があります。

そのためには、アクションの基本となる行為が常にプレイヤーの自由に実行でき、それを場所や状況に合わせて使いこなすことで「うまく」課題を攻略する楽しみを味わってもらう方がいいと思います。

単なる思い付きのまま仕様を決めるのではなく、出尽くすまでアイデア出しをして、よく吟味してからバランスを考えて決めよう。

9-4　色で変身したらいいんじゃない？

カラーレンジャー
企画案

カラーレンジャー

テーマ：変身

コンセプト：

３色の姿に変身し、能力を駆使して
トラップやマップを攻略する

システム：

レッドはファイア攻撃
ブルーは大ジャンプ
グリーンは隠れる

カラーレンジャー

プレイヤーはいつでもＬＲで３色のヒーローに変身することができます。

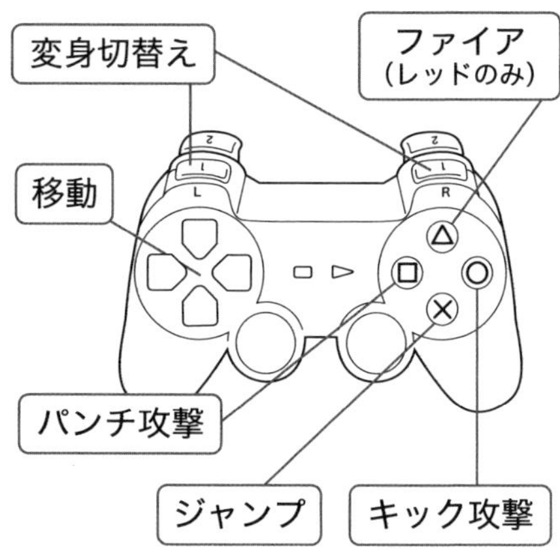

カラーレンジャー

変身すると、そのヒーローの能力が使えます。

レッドに変身すると△で放射状に火を発射して敵を一掃することができます。

ブルーに変身すると×で水を噴射して大ジャンプできます。

カラーレンジャー

グリーンに変身するとフィールド上の草に重なることで保護色になって隠れることができます。

解説

これは子供に人気のある戦隊モノ風のキャラクターで、「変身」をテーマにした企画です。人は変身願望があるので、変身というテーマは魅力的ですね。

基本はいわゆる横スクロールアクションゲームで、横に進んで行って、ジャンプでマップを攻略し、パンチとキックで行く手を阻む敵を倒しながらゴールを目指すゲームになるようです。そしてこの企画の独自性は途中で「変身」できることです。変身できるキャラクターは全部で３色。レッド、ブルー、グリーンです。

先程のアイテムで能力を切替える企画とは違って、この企画ではいつでもどこでもプレイヤーの任意に、LRボタンによって変身するキャラクターを変えられます。

レッドに変身すると、炎で画面中の敵を一掃することができ、爽快感が得られます。

ブルーに変身すると、普段のジャンプでは上れない高さの崖を上ることができます。

グリーンに変身すると、フィールド上に生えている草に重なることで保護色になって、敵に気付かれないようになり、やり過ごすことができます。

これらを駆使してゲームを進行していくということです。

傾向

この企画も「変身」というテーマから始まってはいますが、結局３色からの連想でできることを考え、当てはめただけになっています。

「変身」することは「気持ちいい」と考えて、核になるアイデアにしようと思ったのかもしれませんが、変身すること自体が気持ちいいのではなくて、変身前と変身後にできることのギャップが気持ちいい必要があるわけですから、そこが深く考えられていないのが残念です。

テーマに掲げたことを深く考えるには、そのテーマだからこそできることは何か？　を考えるのです。その結果、他のゲームでは楽しめないことが楽しめるようになるならば、それは「核になるアイデア」になり得るでしょう。

そのゲームでしか楽しめない要素、すなわちそのゲームの独自性は、強力なコンセプトになります。コンセプトとは「何を楽しんでもらうのか？」ということでしたよね？　このように「テーマ」と「コンセプト」は補完関係にあるのです。

そのテーマだからこそできることは何か？　それができることで楽しめるゲームは何か？　を考え続けていく必要があります。

テーマが変身なら、変身できることで何か他のゲームよりも良くなったことがないといけません。だってこの「変身できる」ことがこの企画の独自性なのですから。

対策

この企画では変身してできることが「ボム攻撃」「大ジャンプ」「隠れる」となっていて、いつでもどこでも使えますが、それにはそれに対応した色のキャラクターに「変身しなければならない」のです。敵に囲まれて絶対のピンチという瞬間にボム攻撃を使いたいのに、レッドに変身しなければ使えません。高い崖の前でブルーに変身してから大ジャンプで上ります。強い敵がやってきたら草のところに重なってからグリーンに変身してやり過ごします。これではできることよりも、できないことの方が際立っています。変身で色を切替えることがメリットになっていません。

例えば変身せず、すべて基本操作に組み込んだらどうでしょう。

△ボタンに「ボム攻撃」を配置して、ボムアイテムストック制で３回まで使えるようにします。フィールド上に落ちているアイテムを取るとストックが回復する仕様です。レバーを下に入れてしゃがみ、力を溜めてからジャンプしたら大ジャンプになるようにします。力を溜めるので、その間無防備になるリスクを負うのです。また、草のところでしゃがむと同化して姿が消えます。立ち上がると姿が現れてしまうので、じっと耐えるスリルを味わえます。どうですか？　これでも成立してしまいますよね？　しかもこれなら通常のアクションと連続で発動することができるのでテンポもよさそうです。だとしたら「変身」は邪魔な要素になってしまいますね。「変身」を活かすには、バランスを考えてそれぞれのキャラクターのできることを設定する必要があるのです。そしてそれを切り替える意味を見出すことです。切り替えることができるおかげで楽しめる要素は何か？　それを見つけ出すことです。そうしたら初めて「変身」をテーマにしたゲームになるでしょう。

単にテーマから連想した要素を羅列するのではなく、そのテーマだからこそできるようになることをバランスを考えて考え抜こう。

9-5　ギリギリで避けたらいいんじゃない？

DEATH BATTLE デス・バトル

テーマ：紙一重の避け

コンセプト：

絶望的な状況を操作で切り抜ける緊張感

システム：

○□	攻撃	L	左横回転
×	ジャンプ	R	右横回転
△	ダッシュ		

DEATH BATTLE

敵は巨大なボスのみです。
敵の攻撃はすばやく超強力で、
一撃でも食らったら「死」が待っています。

DEATH BATTLE

敵の攻撃をギリギリ紙一重の所でかわそう！
縦攻撃は左右に横転して避けろ！

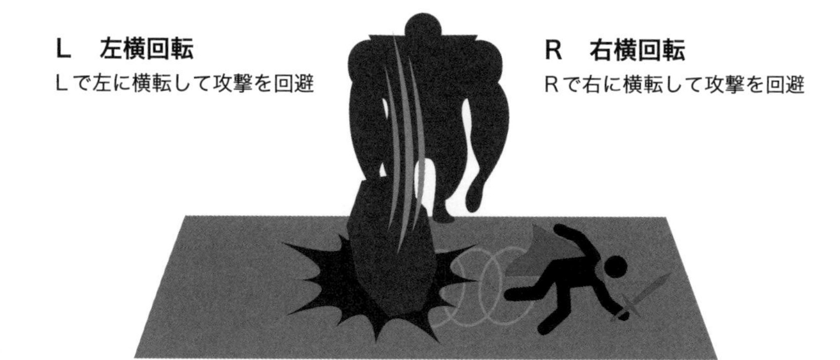

DEATH BATTLE

敵の攻撃をギリギリ紙一重の所でかわそう！
横攻撃はジャンプして避けろ！

敵の攻撃を見切り、
すかさず前に出て攻撃だ！

解説

一瞬でも気を抜いたら即ゲームオーバーという極度の緊張感を楽しんでもらおうという企画です。アクションゲームの腕に自信のある人は、自分の華麗なコントローラー捌きによって、紙一重の避けを決めて、見事に強大な敵を打ち負かす快感を味わえるという趣向です。

敵は巨大なボスのオンパレードで、どれもが強力な攻撃を仕掛けてきます。縦に地面を叩きつける攻撃の場合はギリギリで左右どちらかに横回転で避け、地面をさらうように横に攻撃してきた時は、ギリギリでジャンプして避けます。

次の攻撃を受ける前に近付いて攻撃を加え、一定のダメージを与えたらクリアとなります。

傾向

とにかく強大な敵の圧倒的な攻撃を、華麗なテクニックを駆使してギリギリで避け、敵を倒す快感を楽しんでほしいという狙いははっきりしています。

実際、この手の上級者の腕試し的なゲームは、ゲーム制作の授業の企画段階で人気を博すことがあります。ぜひ自分も挑戦してみたいという人は結構いますし、実際に創って遊んでも、割と盛り上がるものです。

それが一般的に発売されているような、やりごたえのある難易度の高いゲームであるならばいいのですが、得てして内輪受けで終わってしまうことも多いので注意が必要です。

そもそもゲームを創っていると、スタッフはその初期段階から何度も何度もプレイしています。つまりそのゲームの操作に熟練しているのです。人間どんなものでも長い間やっているとできるようになってしまうものです。そして物足りなくなってくるのです。

わたしが若い頃に創った「忍者龍剣伝」は激ムズだと言われました。でも当時はゲームが下手なわたしが、わざと少し判断を遅らせて操作をしてみてもクリアできるように調整していたのです。下手なわたしでもそうなのですから、もともとゲームの上手い人が自分がスリルを感じるような難易度にしたら激ムズになるに決まっています。

また、スタッフではなくても友達同士などの仲間内で遊んでいると、どんなに極悪な難易度でやられまくってしまっても、結構盛り上がるし、楽しいものです。ひどい攻撃を受けたとしても創った相手が自分の目の前にいて、しかも友達なので「ひでーなぁ！」と笑って済みますし、何度やられても無料ですし、クリアできなくてもそれほど悔しくもないのです。

しかしこれがもし売り物で高い金額を払って買ったものだったらどうでしょう？

ひどい攻撃に怒りを覚えるでしょうし、何度やってもやられまくって、一向にクリアできなかったとしたら、このゲームを買ったこと自体を後悔するに違いありません。

ゲームはただ理不尽に難しければいいものではありません。たとえ上級者向けのゲームだとしても、その難易度の波や、攻撃のセオリーは守る必要があるのです。

例えば攻撃にパターンがあって、それを覚えれば攻略できるとか、敵が攻撃してくる場所に特徴があって、覚えやすいとか。いわゆる「覚えゲー」という奴です。

対策

趣味や遊びでゲームを創るのでしたらどうでもいいことですが、プロを目指し、商業的なゲームを創ろうと思うなら、やはり難易度の波や攻撃のセオリーは押さえておいてほしいと思います。

まず「ギリギリで避ける」というのはどういう状況なのでしょう？

それにはまず、攻撃してくるタイミングがプレイヤーに読める必要があります。剣を大きく振りかぶってから縦に叩きつける攻撃を繰り出すとか、剣を横向きに構えた直後に横攻撃をしてくるとか、プレイヤーに攻撃が及ぶ直前に何らかのアクションを入れることです。これによってプレイヤーは、横攻撃か縦攻撃かを瞬時に判断することができ、それに見合った避け行動をすることができます。判断が間違っていればやられてしまいますが、その時はわかっていたのに見合わない行動をしてしまった自分が悪いと思えるのです。

この「やられた瞬間」に「自分が悪い」と思えることがとても重要なのです。ゲームはやられた瞬間が一番遊ぶのをやめられてしまう時なのです。だからその瞬間、自分は悪くないと思ってしまったら、やられたのはゲームがインチキだからだと思われてしまったら、その場でゲームはやめられてしまいます。

だからやられた瞬間の「納得感」はとても大事なのです。

それでは、やられたことに納得できるかどうかは何で決まるのでしょう？　それは敵がしてくることはわかっていて、それをどう対処すればいいかもわかっていて、頭の中ではうまくいく展開が想像できているにも関わらず、自分のプレイがその通りにできなかったためにやられたのだと思えることです。

後はターゲットとしているプレイヤーのスキルレベルに合わせて、攻撃に入るアクションから実際に攻撃を開始するまでの時間や、攻撃のスピードなどを調整することになるわけです。それがうまくハマれば華麗な操作で紙一重の避けを決める「気持ちいい」が実現するでしょう。

この調整次第でゲームの良し悪しが決まってしまうと言っても過言ではありません。ですから調整にはしっかり時間を使って取り組みたいものです。

それにはターゲットにしているプレイヤーに実際に遊んでもらって、調整がうまくいっているかどうかを検証するのが一番です。しかしその際に注意してもらいたいことがあります。それはデバッグヴァージンを用意しておくということです。

スタッフはゲームの開発初期からずっとそのゲームで遊んでいて操作に慣れていますし、どこでどんな敵がどんな攻撃をして来るかを熟知していますから、既に初見の遊び方はできません。ですからそのスタッフがスリルを感じるような難易度であったら、それは何百回も遊んだ後のプレイヤーにちょうどいい難易度だということです。

しかしそんなプレイヤーはいませんよね？　だからスタッフ以外の人から「ターゲットに相当するプレイヤーで、そのゲームの仕様をまったく知らず、遊んだこともない人」を数名用意しておいてほしいのです。その人たちにはある程度難易度調整が整うまで一切そのゲームを遊ばせないだけでなく、仕様も教えないようにします。これをデバッグヴァージンと呼んでいます。

わたしが「風のクロノア」の時にやったのは、このデバッグヴァージンのプレイヤーにビデオ録画をしながらプレイしてもらうことでした。そしてスタッフは遠くから見守るようにしていました。それは近くにいると、プレイで迷ったり、わからないことがあったりして困った時、スタッフに聞きたくなってしまうからです。

たとえ何を聞かれても答えないようにしていたとしても、その表情から察してしまうことだってあるのです。それではゲームの問題点がわかりません。

そしてプレイが終了した後で、録画したビデオを再生しながら何が理解され、何が理解されなかったのか、どこで迷ったのか、どこで困ったのか、などを分析した上でプレイヤーに確認を取りました。

こうして判明した問題点をひとつずつ対処することで難易度や仕様を詰めていくようにしていました。

この方法は非常に有効なので、まずはこれでいいと思える難易度に調整した後に、試してみてください。それにはスケジュールに余裕を持って、初めからこのテストプレイと改良のための期間を設けておくことが大切です。

また、自分で創ったゲームを友達に遊んでみてもらう時、内輪受けで済まさないように注意しましょう。逆に、友達が創ったゲームを試遊する時も、馴れ合いではなく、お金を出して購入した市販のゲームのつもりで遊びましょう。

馴れ合いの内輪受け的な意見や感想は、お互いのためになりませんから。

内輪受けの反応が良かったからといって、それで満足しないこと。
デバッグヴァージンを用意し、客観的に分析して難易度調整の精度を高めよう！

9-6　影踏まずにしたらいいんじゃない？

SHADOW PANIC
シャドウパニック

テーマ：影

コンセプト：

刻々と変わる影の動きを読んでゴールする

システム：

移動

× ジャンプ

SHADOW PANIC
シャドウパニック

「影踏み」という遊びがありますが、
このゲームは逆に「影を踏んだらダメ」という遊びです。

SHADOW PANIC
シャドウパニック

太陽は刻々とその位置を変えていき、
それによってフィールド上の影も形を変えていきます。

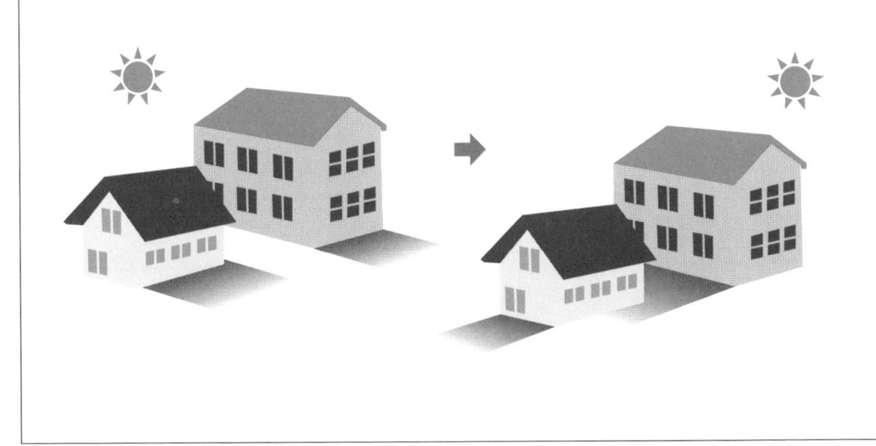

SHADOW PANIC
シャドウパニック

プレイヤーはスタート地点からゴール地点まで、
日が沈むまでに辿り着かなくてはなりません。

SHADOW PANIC
シャドウパニック

ただし、影を踏んでしまうと、一気にスタート地点まで
戻されてしまいます。

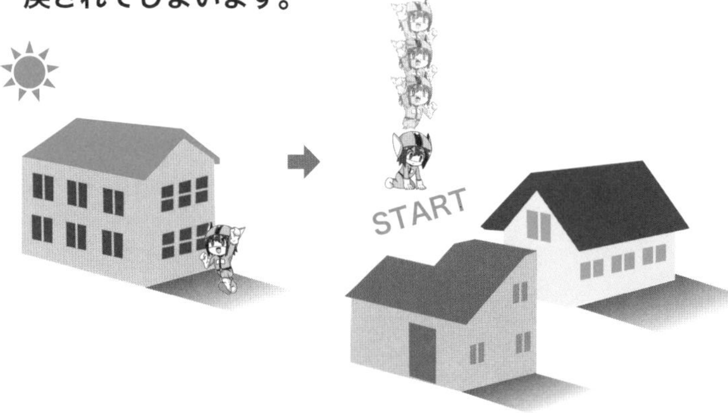

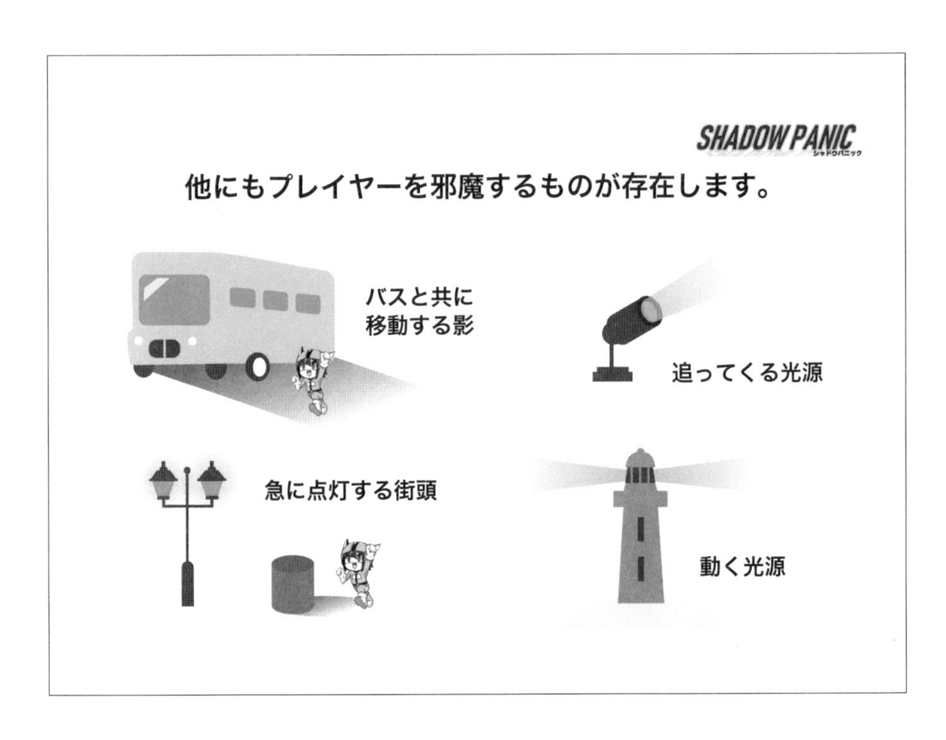

解説

この企画の発想の発端は、昔からある遊びの「影踏み」です。鬼になった人が、それ以外の逃げ惑う人たちの地面に落ちた人影を踏むことができると鬼が交代になるという遊びです。建物の影などに隠れていると人影ができず踏めないとか、太陽を背にして逃げないと危ないとか攻略法があります。

この企画では逆に影を踏んだらアウトというルールにしています。スタート地点から街中を移動していき、影を踏まずにゴールまで辿り着けたらクリアとなりますが、もし途中で影を踏んでしまったら、一気にスタート地点まで戻されてしまいます。

太陽は刻々と動いているので影の向きや長さも刻々と変わります。これはポリゴンモデルで作られた街並みに当てるライティングを時間と共にプログラムで動かすことで実現します。

早くしないとそれまで通れた通路も影に覆い尽くされて通れなくなってしまいます。街中にはプレイヤーを邪魔する光や影に関わるトラップも多数用意され、影を踏まないように駆け抜けるスリルを味わってもらおうという企画です。

傾向

この企画は「影踏み」の影を踏むと良いというルールを、逆に「影を踏んだらアウト」というルールにしたらどうか？　という、まさに「逆転の発想」から生まれた企画だと言えるでしょう。

このように、常識として定着していることを、逆転の発想でひっくり返してみるというのはアイデア発想法としてはいい方法だと思います。常識などというものは、誰が決めたわけではなく、そういうものだと誰もが思い込んでいるのに過ぎないのです。むしろ新しい発想は、常識からは生まれにくいものです。誰かが常識を疑って考えたからこそ存在するアイデアはたくさんあるのです。

例えば「傘」ってご存知ですか？　それはこうやって開くものですよね？　常識です。

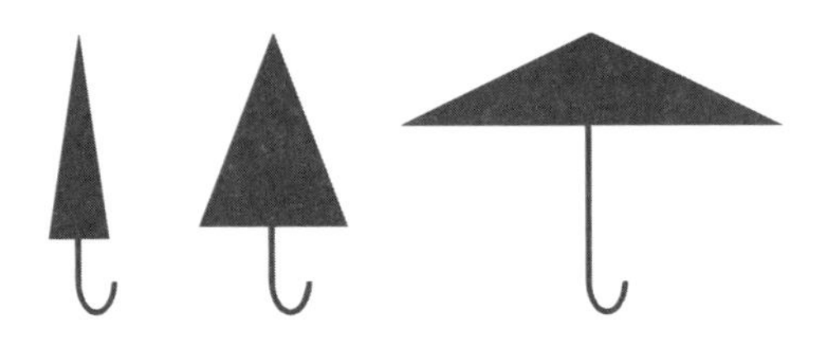

しかし雨に濡れないようにするという傘の目的に、この構造が必ずしもベストではないのです。200年以上もこの形でしたが、最近逆向きに開く傘が登場しました。考えてみれば、これだと濡れた面が内側になるので、たたむ時手が濡れないし、満員電車でも迷惑かけないし、車を降りながら差す時も便利で理にかなっていると思いませんか？

このように常識を疑ってかかることで、より良いアイデアが湧いてくることもあるのです。

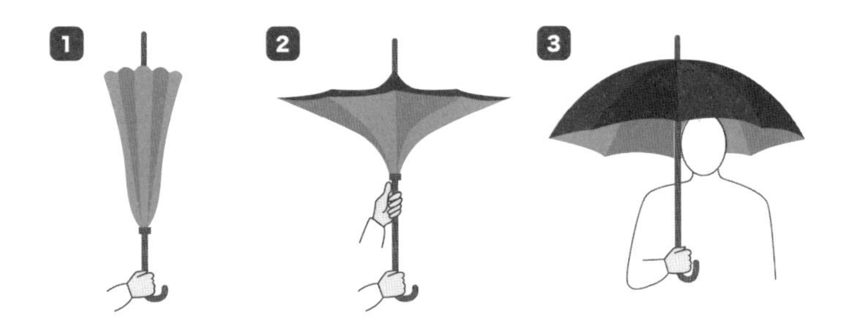

だからどんどん「逆転の発想」を試してみましょう。

ただ、注意してほしいのは、単に逆転すればいいというものではないということです。逆転したことで、何かが変わったり、何かができるようになったり、何かが良くなったりする必要があります。

つまり逆転したら何か「イイコト」があるということです。

これがないままに、または曖昧なままに、アイデアを膨らませてしまうことがよくあります。この企画の場合もそうです。一体影を踏んだらアウトというルールにしたことで、影踏みと比べて何が変わったのでしょう？　または何ができるようになったのか、何が良くなったのか、ちゃんと考えられていたでしょうか？

また、スリルを生むために、影を踏んでしまったらスタート地点まで戻されるというペナルティを設定していますが、これはリスクが大きすぎないでしょうか？

太陽が上り始めた当初に影を踏んでしまってスタート地点まで戻されたとしても、まだ十分時間がありますから、よしっ！　もう一度！　と張り切ってスタートするでしょうが、もし太陽が沈み始めた時に影を踏んでスタート地点まで戻されたら、もうゴールできる望みはゼロですのでやる気が失せてしまいます。途中にチェックポイントなどを設け、そこを通過していれば、そこまでしか戻されないなどの対応が必要でしょう。

対策

「逆転の発想」で考えた時、必ずそれによって「何が良くなったのか？」を考えてください。アイデアにはそれがあることで存在する「イイコト」が必要なのです。それを変えたことで、何か意味が変わることがありませんか？　例えばスリルの種類が変わるとか、攻略法が変わるとか、敵とのやり取りが変わるとか、目的が変わるとか、テンポが変わるとか。または、それを変えたことで、今までできなかったことができるようになったりしないか？　それを変えたことで、今まで問題点だったことが解決したりはしないか？　を考えるのです。

もしそれがあれば、それこそがその企画の「独自性」ですから、そこを伸ばすアイデアを盛り込んでいったら違う「ゲーム」になり得るわけです。

『逆に〇〇〇だったとしたら、一体何が変わって、何が良くなったのだろうか？』

「逆転の発想」を試したら、何か「イイコト」がないか自問自答してみてください。

「逆転の発想」を試みた場合、それによって生まれた「イイコト」は何かを考え、結局何を楽しむゲームになったのかを言葉にしてみよう。

9-7　追いかけられたら怖くていいんじゃない？

tracker
追跡者
企画案

tracker
追跡者

テーマ：追いかけられる恐怖

コンセプト：

後ろから追いかけられる恐怖を感じながら
脱出するスリル

システム：

- 移動…入力した方向へ移動
- 視点…入力した方向を見る

プレイヤーは一人称視点で 3D 迷路の中を
移動します。

360 度入力した
方向へ移動します。

前後左右の視点に
切り替えます。

tracker
追跡者

怪物は後ろから迫って来ます。怪物が近づくと
心臓の鼓動音が高まるので急いで逃げましょう。
怪物に捕まるとゲームオーバーです。

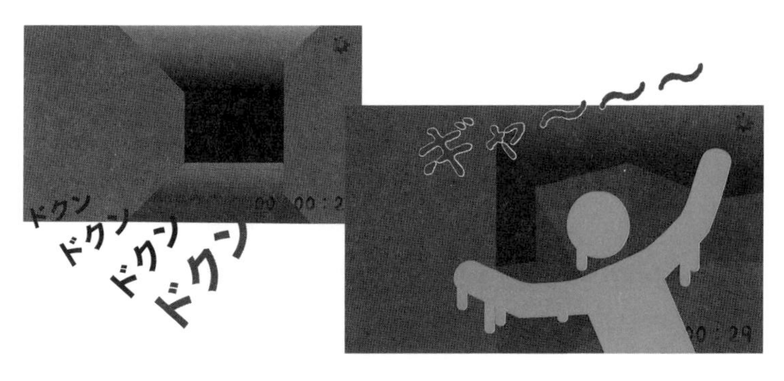

tracker
追跡者

3D迷路内のどこかにある鍵をゲットし、
出口を探し、出口まで辿り着けたらクリアです。

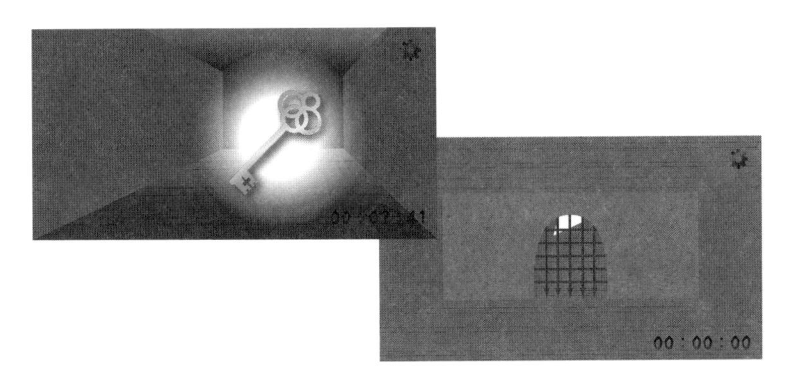

ところどころに怪物を怯ませせるアイテムが
あるので、活用してゴールを目指そう！

フラッシュ
取ると強力なフラッシュが発生し、
一定時間怪物を足止めできる

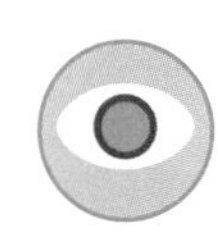

透明
取ると怪物から姿が見えなくなる

サーチ
取ると鍵や出口のある方向がわかる

解説

この企画は、後ろから追われる恐怖を「気持ちいい」と考えています。そして一人称視点によって、臨場感たっぷりに追われるスリルを感じながら迷路を脱出する体験を提供することをコンセプトとして楽しんでもらおうというものです。

とにかく追ってくる怪物から逃げて、鍵を見つけ、出口まで行き、脱出するのが目的です。ゲーム中は常時心臓の鼓動音がしていて、怪物が近付くに連れて鼓動音が大きくなるのでスリルを感じるという趣向です。

怪物に捕まると即ゲームオーバーなので、鼓動音が大きくなってきた時は相当怖いのではないでしょうか。ちなみにこの「怖い」というのも大きく心が動く瞬間なのでゲームアイデアの種の「気持ちいい」になります。

傾向

一人称視点で3Dのマップ内を移動するゲームは、海外のゲームによく見られるFPS（ファーストパーソンシューティング）に代表されるように、自分の視点なので臨場感が最大のメリットです。一方、自分の前方の視界しかないので、真横や後ろの情報がなく、状況を把握しづらいという欠点もあります。

そもそも一人称視点は人間の本来の視界よりかなり限定されている視点なのです。だって実際の人間は前方だけでなく左右の横の景色も見えていますし、多少後ろの気配も感じていますよね？　大体両眼で左右230度、上下135度ぐらい見えているそうです。

遮眼帯

他の馬を意識して気が散ってしまう性格の競走馬の目の横に付けて左右を隠して前方だけが見えるようにする遮眼帯というものがありますが、一人称視点というのはいわば、その遮眼帯を付けて歩いているようなものなのです。

だからいろいろとその他の情報を補完するような工夫が必要とされることになります。

この企画でもアナログスティックで移動しながら、十字キーで後ろや横を見ることもできるようになっています。

しかしそもそもこの企画は「後ろから追いかけられる恐怖」がコンセプトですから、追手の存在感はとても重要なはずです。それを安易に後ろや横の視点操作を入れてしまっていたら、常に視点を切替えて怪物の位置を確かめながら進む遊び方になってしまうのではないでしょうか？

これではコンセプトとシステムが噛み合っていません。コンセプトとは「何を楽しんでもらうのか？」で、システムは「それをどうやって実現するのか？」ですから、これは噛み合わなければならないのです。

このようにコンセプトとシステムが今ひとつ噛み合っていないままに制作に入っているプロジェクトをよく見かけます。コンセプトが決まったら、とことんそのコンセプトが最大限に実現できるシステムを追求してほしいのです。

対策

後ろから追いかけられるということは、後ろは見えていないけれども追ってきていることはヒシヒシと感じられる必要がありますよね？　しかし一人称視点はまさにその後ろや左右が見えないという欠点があります。

むしろ後ろから追われる恐怖をプレイヤーに感じさせるには三人称視点の方が向いていると言えます。三人称視点なら、常に画面の中にプレイヤーキャラがいて、その後ろや周囲に迫っている敵の姿を常に見ることができるので、どのぐらいピンチなのかを把握しながら遊べるからです。まさに追いつかれ、捕まりそうになった瞬間、レバーを入れてかわし、引き離すことができてヒヤッとする体験ができそうです。

「ラスト・オブ・アス」という三人称視点のサバイバルアクションゲームがありますが、この中で、迫りくるゾンビの群れを振り切って出口に向かって突っ走るシーンは、後ろから襲ってくるゾンビをギリギリのところでかわすスリルと恐怖に満ち溢れています。

しかし、確かに臨場感という点では一人称視点の方が数段効果的ではあります。ですから何としても一人称視点でやりたいと考えるのも一理あるのです。

しかし、確かに臨場感という点では一人称視点の方が数段効果的ではあります。ですから何としても一人称視点でやりたいと考えるのも一理あるのです。

でも、その場合には、それを何らかのシステムで補完することで、コンセプトである「後ろから追いかけられる恐怖」を実現しなくてはならないわけです。

こういう場合に安易なアイデアとして、よく登場するのがレーダーです。確かにレーダーがあれば、今自分がいる場所の周囲の状況を簡単に把握することは可能です。

ですが、それだと終始レーダーを見ながら遊ぶゲームになってしまいます。せっかく一人称視点にして臨場感を高めているのに、画面の端に小さく出ているレーダーにばかり目が行ってしまっては台無しです。ここはできればそういうものに頼らないで独自のものを考えたいところです。

この企画ではそれは心臓の鼓動音が大きくなることで感じさせるというシステムになっています。安易にレーダーというアイデアにしていないところは見込みがありますね。

効果音を工夫することで恐怖を増幅することもできそうですし、敵が近いほど鼓動の速度も速くなればプレイヤーのドキドキも加速するでしょう。

しかし、これだけでは不十分ではないでしょうか？　怪物が近くにいることはわかりますが、どちらの方向から近付いて来るのかわかりません。これではスリルを感じる間もなく、なぜか急に捕まってゲームオーバーになってしまい、悔しくも、怖くもありません。なぜなら後ろの敵を感じていないからです。後ろに敵を感じながら逃げるからこそ怖いのです。

もちろん心臓音のサウンドもサラウンドを使って、近付いてくる方向をわからせるなんていうのもひとつのアイデアでしょう。でも、そこで満足しないで、もっともっとコンセプトの効果を高めるために何かできないか？　を考え続けてほしいのです。

例えば視覚でできることはないかを考えてみましょう。怪物の影が床に伸びているとか、怪物は黒い息吹を吐いているので近付くと視界に黒い粒子が飛び交ってくるとか、怪物は冷気を纏っているので近付くと床や壁が凍って霜が張るとか、怪物自体が発光しているために自分の影の方向と長さで怪物のいる位置や距離がわかるとか。

Chapter 4で「核になるアイデア」は「テーマ」と「コンセプト」と「システム」からできていて、それが相互に補い合った関係になっているという話をしたと思います。

つまりシステムはそのゲームのコンセプトである「楽しんでもらいたい遊びの内容」を最も効果的に実現するものでなくてはならないのです。

ですからアイデアを詰めていく時、そのシステムがコンセプトを実現するのに最適かどうかを常に検証しながら制作していく必要があります。

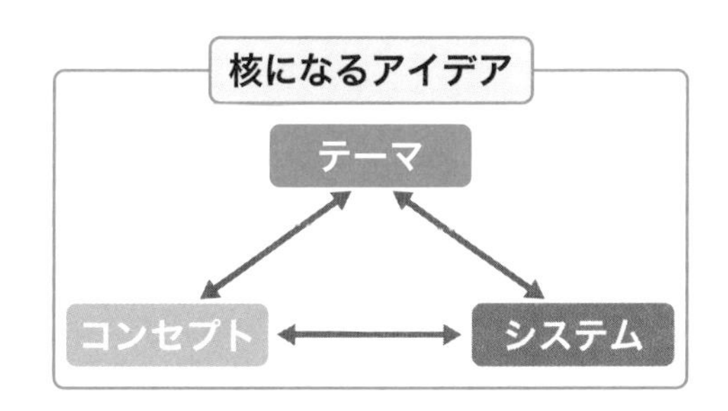

今あるシステムによって、誰がプレイしてもコンセプトにあることが頻繁に起こるならそのまま創っていって問題ありません。それはコンセプトがしっかり確立しているということですから。

しかしもしコンセプトにあることが滅多に起こらないとか、ある理想的なプレイをしたときにしか起こらないといった場合は、Chapter 7でお話ししたように「核を支えるアイデア」が必要になります。これをシステムに加えることでコンセプトにあることが頻繁に起こるようにしなければ核になるアイデアが確立したとは言えないからです。コンセプトというのは遊びの内容ですから「このゲームは○○○するゲーム」と言えるためには、そのシステムによって○○○が頻繁に起こる必要があるのです。

とにかくコンセプトを最も効果的に実現するのがシステムでなくてはなりません。しっかり考えましょう。

完成形の画面イメージをしっかり動画で思い浮かべ、それでコンセプトが最大限に活かされるシステムになっているかを検証しよう。

9-8　敵に憑依できたらいいんじゃない？

企画案

Possession
憑依

テーマ：憑依

コンセプト：

色々なものに憑依して攻略する

システム：

（スティック）	移動
○□	攻撃
×	ジャンプ
△	憑依・憑依解除

プレイヤーはフィールド上のものに憑依することができます。

うさぎがいたら…

そばに寄って
∧ボタンで憑依すると…

うさぎを操作
できるようになります

憑依を駆使してマップを攻略しよう！

崖が高くてジャンプで登れない。
こんな時は…

うさぎに接触して憑依すれば、
大ジャンプで登れるようになります。

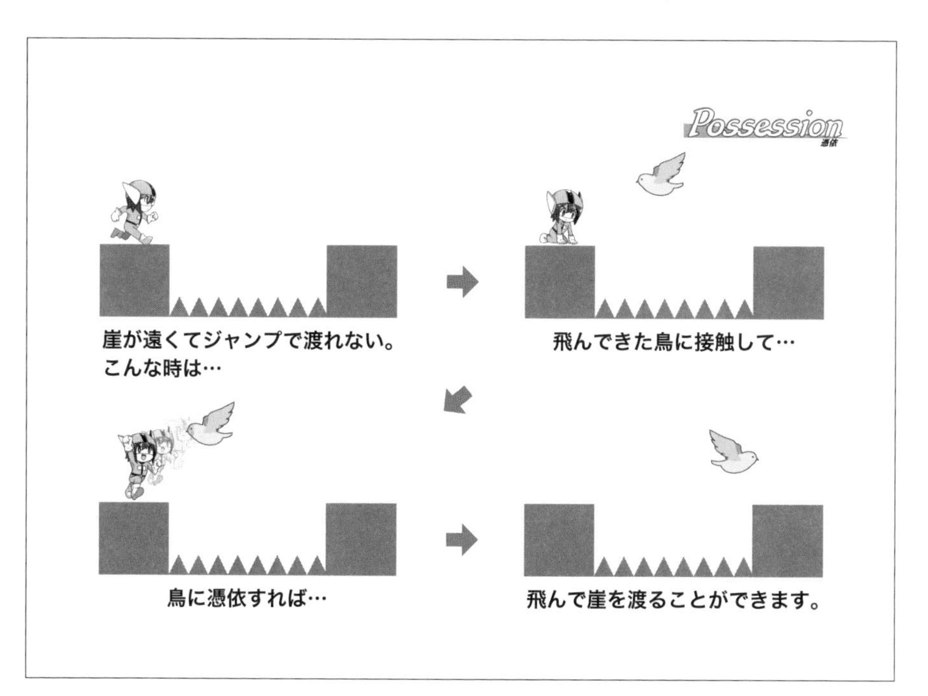

解説

憑依をテーマに考えた企画です。プレイヤーはいろいろな生き物に憑依することができます。この能力を駆使してマップを攻略していくゲームです。

高い崖は通常のジャンプでは上れませんが、うさぎに憑依することにより、うさぎを操作して大ジャンプすることで上ることができます。また、ジャンプでは飛び越せない崖も、鳥に憑依して空を飛ぶことで渡ることができます。

こうしてフィールド上にいるいろいろな生き物に憑依して、攻略していくのです。

傾向

これも「ロボックス」同様、その操作でできることを考えただけで、それがどういうスリルを生むのか、どんなおもしろさにつながるのかまで考えていない企画です。

生き物に憑依するというのがちょっと変わっていることで、そこでゲームになっていると思ってしまっている感じがします。プレイヤーができることは何でしょう？　「憑依」ですか？　それは手段に過ぎません。結局憑依した生き物のできることがプレイヤーのできることなのです。うさぎで大ジャンプ、鳥で空中移動と生き物の数だけ連想される操作を考えて、それで解けるマップの仕掛けや罠などを考えればゲームになる気がしてしまいます。

しかし、それが楽しいでしょうか？　うさぎに憑依するのにテクニックはいりません。そしてうさぎになれば大ジャンプで高い崖を上れます。これはやれば誰でもできることです。

これでは「やらされてる感」が大きいです。つまりゲームではなく作業なのです。
ゲームであるためには「うまくできたり、できなかったり」する要素が必要なのです。

対策

それならば「うまくできたり、できなかったり」する要素を加えてみましょう。例えばうさぎになると大ジャンプができるようになるけれども、一切攻撃ができなくなって、敵から逃げるしかないとか、鳥の操作は慣性がついていてクセがあるので早めにレバーを入れないといけないとか。そうなると、うさぎや鳥に憑依するタイミングを考えなくてはならなくなったり、事前に安全に憑依できるような状況にする必要があったりします。

ただこれだと「憑依できる楽しさ」よりも、「憑依した際のデメリット」の方が際立ってしまって、あまり「気持ちいい」にはなりませんね。

また、うさぎで高い崖を大ジャンプで上るとか、遠い崖を鳥で空を飛んで渡るといったことが「やらされてる感」が大きいのはなぜでしょう？　それは１対１の関係でしか考えていないからではないでしょうか？　それを攻略するには、その生き物に憑依するしかない、となっているから予定調和になってしまうので「やらされてる感」が大きいのです。

もっとその生き物に憑依している間の操作感や攻略法など、遊びが関わる部分でいろいろなバリエーションがあってほしいところです。そうしたら憑依できる生き物は全部で３種類ほどに絞れるかもしれません。それなら憑依する生き物がその場にいるのではなく、自由にいつでも憑依できて、どの生き物に憑依するとうまく攻略できるかを見つける楽しみとか、または憑依する生き物によって攻略法が変わるのを楽しむとかが創れる可能性があります。

もっともこの企画の場合、さらに根源的なところから考え直すべきかもしれません。

アイデアの種を考える時、まず初めにするべきことは何だったか、覚えていますか？　そうです。「気持ちいい」を見つけることです。「憑依」というテーマから考えるのはいいのですが、テーマから考えた場合でも初めにすることは「気持ちいい」を見つけることだったはずです。

この場合、テーマを「憑依」としたのでしたら憑依すると「気持ちいい」ものは何か？　から考えた方がいいでしょう。何か巨大なものに憑依したら気持ちいいとか、素早い動きの動物に憑依したら気持ちいいとか。その上でそれに憑依した時の操作感やできること、マップや攻略法が変わることなどを考えてみるのです。それがたくさん出てくるようなものが複数見つかったら、今度はそれらが絡んでできることを考えてみましょう。うまく補完関係にできたらまとまるかもしれません。

テーマから考えても、それによって実現できる「気持ちいい」を見つけて、そこからアイデアを吟味、膨らませていく必要がある。

9-9　世界観を楽しんでもらえればいいんじゃない？

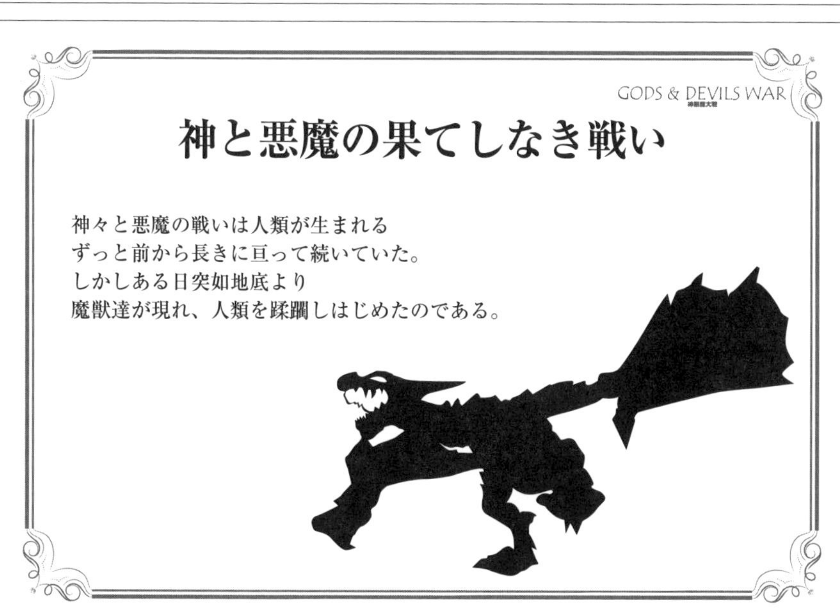

GODS & DEVILS WAR
人類の滅亡！
神々と悪魔は一時的に手を組んで魔獣との
壮絶な戦いを繰り広げ、その巻き添えに
なってしまった人類があっけなく絶滅したところから
物語は始まる。
この戦いの中で神々、悪魔の双方に存在した派閥争い
が激化、中には神と悪魔で手を結ぶ者まで現れた。

GODS & DEVILS WAR
善とは何か？悪とは何か？
こうして世界は三つ巴の戦いに突入し、
さらに戦いは混沌として激しさと
複雑さを増していくのであった。
真の善とは何か？
真の悪とは何か？

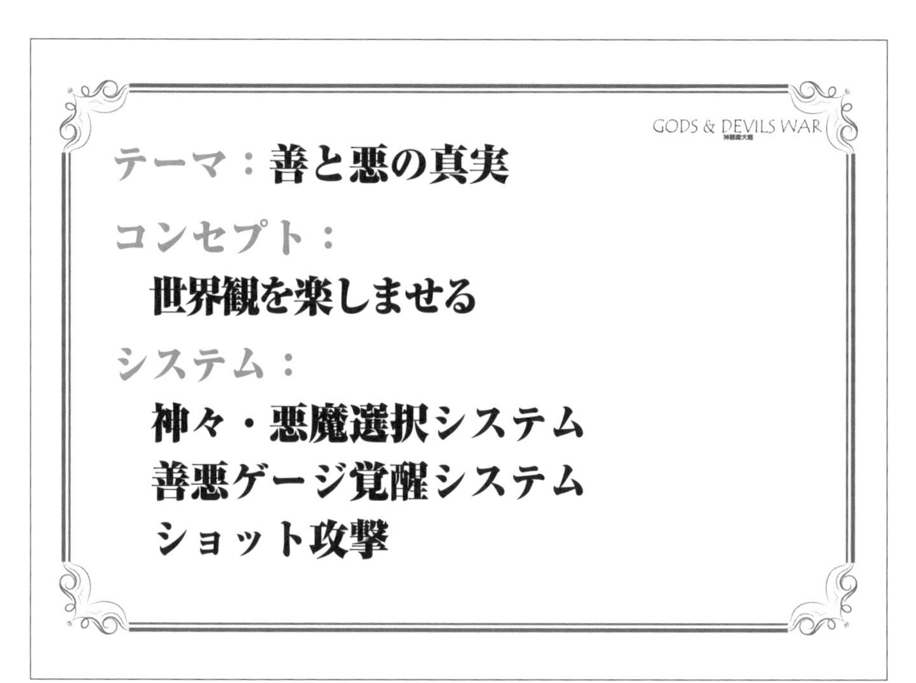
GODS & DEVILS WAR
テーマ：善と悪の真実
コンセプト：
世界観を楽しませる
システム：
神々・悪魔選択システム
善悪ゲージ覚醒システム
ショット攻撃

GODS & DEVILS WAR
操作方法
L
R
覚醒
ジャンプ
移動
ショット

GODS & DEVILS WAR
神々・悪魔選択システム
プレイヤーは最初に神か悪魔かを選びます。
どちらを選ぶかでストーリーが違います。
プレイキャラを神か悪魔から選んでください。
悪魔
神

GODS & DEVILS WAR
ショット攻撃
□ボタンでショットを撃つことができます。

GODS & DEVILS WAR

魔獣が亡んだ時、
最後に残るのは
神々か、悪魔か？
善とは何か、悪とは何かを
問う問題作！

解説

これは神々と悪魔を題材にした壮大なストーリーを描いたゲームです。プレイヤーは神にも悪魔にもなれます。どちらで遊ぶかでストーリーは変化します。

ゲームはどちらを選んでもショット攻撃によって敵を倒して進んで行くゲームです。そして敵を倒していくとゲージが貯まり、満タンになると画面内の敵を全滅させるパワーが使えます。

こうしてゲームを進めていくことで、プレイヤーはこの壮大なストーリーに導かれて、華麗な神々や邪悪な悪魔たちの織り成す世界観に酔いしれることになるというわけです。

独創的なビジュアルと斬新なストーリー展開を心ゆくまで楽しんでもらいたいというのが意図の作品です。

傾向

コンセプトが「世界観を楽しませる」ことだという企画を見かけることがあります。

学生同士で企画コンペをしたりすると、この手の企画はビジュアルスタッフから割と人気が高く、スタッフが集まりやすい傾向があります。ビジュアルスタッフは自分のセンスを自由に発揮できそうだという理由で参加を希望する人が多いのではないかと思います。

もちろんビジュアルスタッフが、その持てる力を如何なく発揮して、ワクワクするようなビジュアルを創り出してもらうのはとても大事なことです。スタッフが愛していない企画は大したゲームにはなり得ませんから。

しかし、それは「ゲーム」がしっかりとできていることが大前提です。プレイヤーは絵を鑑賞するためだけではなく、その絵でおもしろいゲームを楽しみたいと思っているのです。だからいくら世界観が良くて、絵が素晴らしかったとしても、遊んでみておもしろくなかったらやめてしまうでしょう。

だから同時にゲーム内容についても深く追求してもらいたいのです。

このように、世界観を前面に押し出している企画は、大抵企画者やスタッフが、世界観を創ることに腐心していて、自らその設定に酔っているものです。しかも俺たちはすごいものを創っているぞ！　という自負があるので、どうだ！　と言わんばかりに自信を持ってプレゼンします。それはそれでいいのですが、それでは肝心のゲーム内容はどうかというとおざなりになっている場合が多いのです。

この企画の場合も、結局歩き回って弾を撃って敵を倒し、時折貯まったパワーを使って画面中の敵を全滅させることを延々繰り返す遊びになっています。これではいくら背景が魅力的なビジュアルであっても、ストーリーが感動的であっても、ムービーが素晴らしい出来であっても、作品の７～８割を占める遊びが退屈なものなので嫌になるでしょう。

対策

世界観というのはコンセプトではなくて、単にテーマに過ぎません。ですから「世界観を楽しませる」というコンセプトは間違いです。

世界観をテーマにしたならば、**その世界観だからこそ実現できる遊び**を考えなくてはなりません。まずは遊びを確立しなくてはゲームではありませんからね。

その世界観でなくてはできない「気持ちいい」を探すことから始めましょう。

参考になるゲームに「INSIDE」という名作があります。このゲームはマップが立体で創られてはいますが、プレイヤーはあるライン上を左右に移動します。すなわち2D横スクロールアクションゲームです。

そしてその最大の特徴は、全編モノトーンで描かれた不気味な未来世界の世界観なのです。主人公である少年は、何かの研究施設に潜り込み、銃を持った大人たちや猟犬などから時には見つからないように隠れ、時には必死に走って逃げ、間一髪崖から池に飛び込むなどの逃避行を体験します。

少年ができることはアナログスティックで歩いたり走ったり登ったり降りたりすることと×ボタンでジャンプすること、それに○ボタンで何かを掴んで押したり引っ張ったりすることだけですが、マップ上にあるいろいろな物や装置の性質やパターンを読み解き、どうしたらいろいろなギミックやトラップをクリアできるかを考え、実行することを楽しんでもらおうというコンセプトなのです。タイミングについては本当に絶妙な調整が施されていて感心するばかりの出来だと思います。

その途中では研究施設内で捕らえられ、研究材料にされている人間や、頭にコードを付けられて吊り下げられている人間が背景になっており、何やらヤバいプロジェクトが進行している雰囲気を醸し出していて、強烈な世界観で迫って来ます。

そして極め付きは、主人公がヘッドギアのようなものを装着するとプレイヤーの操作と同じ動きをする操り人間たちです。この操り人間たちをうまく利用して仕掛けや罠を攻略する遊びが随所に登場します。

この操り人形の謎解きなどは、まさにこのゲームの世界観があってこそ存在し得たパズルと言えます。

自分のセンスを活かした世界観を人々に楽しんでもらおうとするのは悪いことではありませんが、それは手段であって目的ではありません。それが目的になってしまったなら、それは単なる自己満足にしかなりません。あくまでも目的は「遊び」を提供することであり、それを最大限に盛り上げる手段として世界観は存在すべきです。

この「INSIDE」のように世界観から生まれた独特の遊びが伴ってこそゲームとしての存在価値があるということを忘れないでください。エンターテインメント＝おもてなしの精神を常に忘れないように心掛けてほしいものです。

世界観はコンセプトではない。その世界観だからこそ存在し得た遊びを創造し、コンセプトを確立しよう。

9-10 集めてつくれたらいいんじゃない？

ドールハウスメーカー

Doll House Maker

企画案

ドールハウスメーカー
Doll House Maker

テーマ：ドールハウス

コンセプト：
自由自在に自分好みの
ドールハウスをつくる

システム：
移動して家具、調度品を発見
自分のドールハウスに設置

ドールハウスメーカー
Doll House Maker

インテリアの入手方法

インテリアを入手する方法は2つ！

1．購入する

インテリアは街の家具屋や雑貨屋で
購入することができます。
購入するには通貨「ドール」が必要。
ドールは世界で取れる木の実や木材
動物などを売ると手に入ります。

2．自作する

インテリアは世界で取れた物を
組み合わせて自作することもできます。
項目リスト、材料リストを見て、
必要なものを集めましょう。

項目	材料
化粧台	木材、ガラス 鉄
柱時計	木材、鉄、釘 歯車
シャンデリア	ガラス、鉄 電線、電球

ドールハウスメーカー
Doll House Maker

レイアウトモード

手に入れた家具や調度品をあなたのハウスに自由に
設定・配置することができます。

位置や角度

位置や角度を細かく設定できます。

色や柄

色や柄（テクスチャ）も自由に変えられます。

ドールハウスメーカー
Doll House Maker

ハウスは増えていく！

インテリアが増えていくと、ハウスの部屋も増えていきます。あなたオリジナルのハウスを造りましょう！

解説

ドールハウスというのは、ミニチュアとして作られた模型の家のことです。主に部屋の内装や家具、調度品の精巧なミニチュアを組み合わせて生活を表現するものです。

この企画では自由自在に自分好みのドールハウスを作れます。初めは何もない部屋がひとつ与えられ、そこに自分の好きな家具や調度品を手に入れて自由に配置することができます。しかも家具などの色や柄も好みに合わせて変更することもできます。

家具などを手に入れるには、ゲーム内通貨の「ドール」を使ってお店で購入する方法があります。きっとお店の品揃えは季節ごとに変わるので、足繁く通って目玉商品を見逃さないようにする必要があるのでしょう。ドールはこの世界で取れる木の実や木材、動物などを拾ってきて売ると手に入るようなので、世界中を歩き回って、落ちている木の実や木材を拾ったり、動物を捕まえたりするのでしょうね。

また、拾ってきた材料を組み合わせると自分で家具などを作成することもできます。きっと物によって、必要な材料の個数などもあることでしょう。こうしてインテリアが増え、部屋に配置していくと、新たに空の部屋が与えられ、次第にハウスが増えていくのを楽しむゲームです。

傾向

このアイデアの企画者は、ドールハウスが好きなんでしょうね。もちろん自分が好きなもの、詳しいものをテーマにアイデアを考えるのは悪くありません。そのテーマの持つ魅力を熟知しているわけですから、誰よりもそのテーマを掘り下げることができるはずです。

しかし、そういう企画は得てしてそのテーマの要素をただ並べるだけのものが多いです。この企画の場合も、結局ドールハウスのコンストラクションツールの域を越えていないのではないでしょうか？　確かにドールハウス愛好家にとって、膨大なインテリアから自由に選んで納得がいくまでレイアウトし、気に入った色や柄に変えられるのは夢のようなことかもしれません。しかしそれは愛好家にとって理想のツールを作ることでしかありません。

ゲームでは何かを収集する要素がよく登場します。それを自分好みに配置する仕様もよくあります。それはゲームを長く遊ぶモチベーションになるからです。要はメインのゲームを飽きずに長く遊んでもらうために、収集要素や集めたものを自由に配置して眺められるモードが用意されているのです。

コンストラクションツールとしてだったら、初めからすべての家具、調度品などが選択可能で、それを自由に改変したり、配置したりできた方がいいに決まっています。しかしそれを何とかゲームっぽくするために、この企画ではドールという通貨を設定して、これを稼いでお店で買うとか、材料を拾ってきて自作するといった「作業」を追加しています。ここが中途半端になっている原因です。

ゲームにしない方がいいことを、ゲームの企画案だということで無理矢理ゲーム的要素を追加するという企画をたまに見かけます。それではゲームを望まない人にも、ゲームで遊びたがっている人にも、どちらにも訴求しない中途半端な企画になってしまいます。

対策

この企画の場合、ドールハウスというテーマがあるだけで、コンセプト（何を楽しんでもらうのか？）とシステム（それをどうやって実現するのか？）が曖昧なのです。

単に自由に配置して楽しませたいだけならば、ツールに徹して、すべての家具、調度品などを選択可能にし、その改変やオリジナルの家具製作などの機能を盛り込んだシステムがベストでしょう。

そうではなくて、最終的にドールハウスの自由な配置が目的だとしても、ゲーム的な遊びの一環として楽しんでもらいたいと考えるなら、インテリアを手に入れる過程に工夫が必要でしょう。初めからすべてが選択可能であるよりも、苦労してようやく手に入れた家具の方が愛着も喜びも数段上なのではないでしょうか？　ゲームとしてドールハウスというテーマを捉えた時、最大の意義はこの満足感を最大化することだと思うのです。

任天堂の「どうぶつの森」もいろいろなものを集めてはお金に換えて、自由に自分の家を飾る遊びになっていますが、それ以上に森で生活すること自体を楽しむのがコンセプトになっているのです。その一環として家を飾る仕様があると言っていいでしょう。

ポイント

ゲームではない方がいいコンセプトに対して、ゲーム要素を無理矢理入れると結局どっちつかずの企画になって、誰のためでもないものになりかねない。

9-11 火を使ったらいいんじゃない？

テーマ：火

コンセプト：

火を利用してマップ攻略を楽しむ

システム：

- 移動、発射方向
- □　ショット発射
- ×　ジャンプ

サイドビューの横スクロールアクション

アナログレバーで８方向に発射方向を決め、□ボタンを押すとその方向に火炎弾を発射することができます。

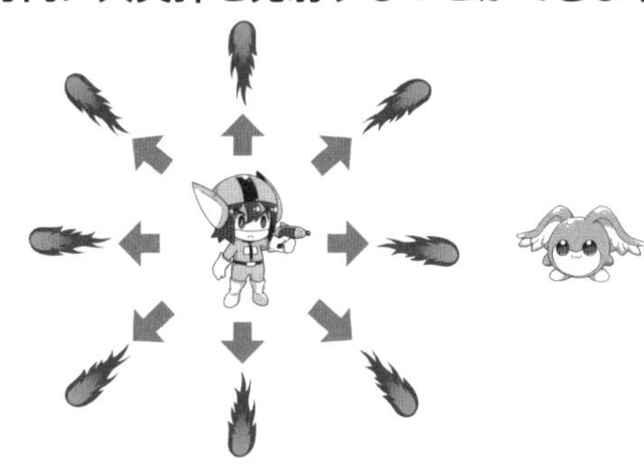

火炎弾を使っていろいろなことができます。

行く手を阻む池の水を蒸発させる

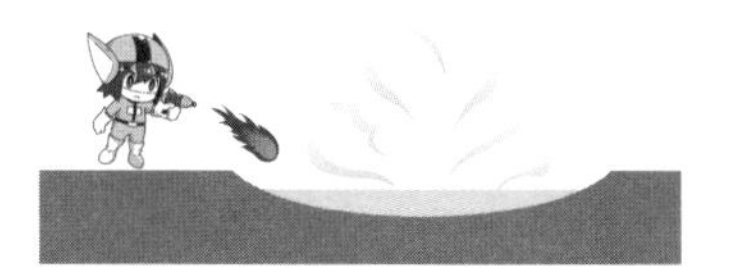

重しのロープを燃やして
落としスイッチを入れる

暗闇を明るくする

木の壁を燃やして通れるようにする

他にもこんなことができます。

パワーアップアイテム

アイテムを取ることでパワーアップします

J ジャンプ力アップ　S 走るスピードアップ　全方向に炎発射

木を育てる

世界中にある木の芽を持ち帰り、
水をやることで木を育てることができます

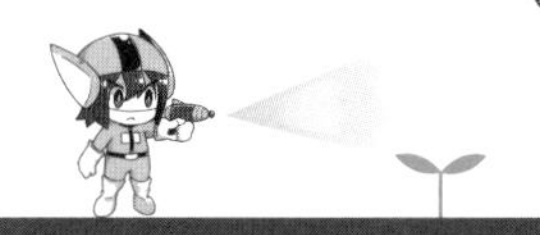

他にもこんなことができます。

武器装備

途中で手に入れた武器を装備できます

・マシンガン火炎銃
・ライフル火炎銃
・水鉄砲
・高水圧銃

○水鉄砲を使って行く手をはばむ炎を消火

武器合成

いくつかの武器を合成して新たな武器を
作ることも可能！

○火と水の武器を合成して熱湯攻撃

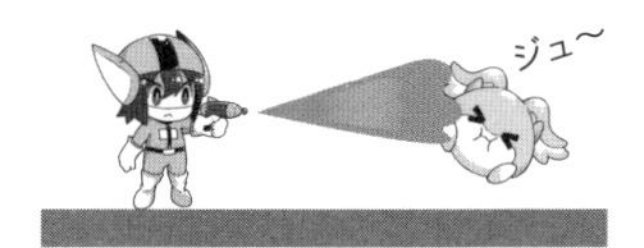

解説

この企画は「ファイアシューター」ということで、火をテーマにして、火を利用してマップを攻略する遊びをメインにしたゲームです。

アナログスティックで移動し、同時に入力している方向に□ボタンで火炎弾を発射することができます。

この火炎弾によって、マップ上に仕掛けられた様々な罠や仕掛けを攻略していくのです。行く手を池の水が阻めば火炎弾で蒸発させ、ロープや木の壁を燃やすことで謎が解けて先に進めるようになります。また、暗闇のステージでは火炎弾を発射することで明るくできるだけでなく、松明に火を灯せばその部屋を明るくすることもできます。

さらにいろいろなパワーアップアイテムもあって、派手なアクションが楽しめたり、途中で手に入れた武器を装備することで、違った攻撃方法で楽しむこともできたりします。

例えば「水鉄砲」に装備を変えると行く手を阻む炎を消し去ることができます。そして隠しアイテムである「木の芽」を集め、水鉄砲で水を与えると木を育てるという収集要素もあるので長く楽しめることでしょう。

傾向

この企画のコンセプトは何だったのでしょう？　企画書にある通りなら「火を利用してマップを攻略する」遊びを楽しんでもらいたいと考えて企画されたものなのでしょう。

しかしそのコンセプトである火に関してのアイデアは４枚目だけで、５枚目以降に至っては火炎弾の活用法ではなく、アイテムや武器合成、隠し要素の木の芽を育てることなどのアイデアになっています。

核になるアイデアを膨らませていく時に、注意しないとこのようなことが起こります。それは何かというと、おもしろいと思えるアイデアをどんどんと盛り込んでいくことでアイデアを膨らませていると錯覚してしまうことです。

この企画の場合、初めは「火」から発想を始めたのでしょう。まず火を使ってできることをどんどん盛り込んでいきました。水を蒸発させるとかロープを燃やして切るとか松明に火を灯すとか木の壁を燃やすとか。

ここからは連想ゲームのようにアイデアを付け足して行っていますね。火炎弾から派生して、それが連射できたらいいな、それならマシンガン火炎銃があればいい！　だったらライフルもあったらいいな、遠くの敵を狙い撃てる銃だ。そういうことなら武器を装備できて、入れ替えられる方がいいよね。入れ替えるなら水鉄砲なんかもあったらおもしろそうだね。それなら行く手を阻む炎を消火することができておもしろそう。だったら火と水を合成して熱湯を発射する熱湯銃が作れたりして。それでしか倒せない敵がいたらおもしろいな。水があるなら木の芽に水をやって育てられたら嬉しいな。隠しで木の芽を集めて、クリア後にフィールドに木の芽を植えて水をやって大きな木がいっぱい生えたら素敵じゃない？　なんて感じでしょう。

さっき行き詰っていた時に比べると、楽に次々にアイデアが出てくるので、どんどんアイデアが膨らんでいる気がするし、すごくおもしろくなったように思えるでしょう。こうやってアイデアは迷走し、一体何ができたのだろう？　という結果になってしまうのです。

対策

アイデアを膨らませていく時、コンセプトを中心にして考えるというのは基本ですが、なかなかアイデアが出ない時は苦しいものです。しかしここで諦めないでください。

確かにこの企画の場合もアイデアを膨らませる際、コンセプトである「火」から始まってはいますが、コンセプトをAとすると、AならB、BならC、CならDといった具合にアイデアを転がしてしまっているのです。図にすると次のようになります。

これではコンセプトAと関係があるのはBだけで、後は関係ないものばかりになってしまいます。いつの間にかコンセプトがAからBに変わっているのです。

どうなっていればいいのかというと、Aはコンセプトですから、核を膨らませるアイデアはAだからB、AだからC、AだからDというように、すべてがAのコンセプトに沿っているアイデアだけで膨らませなくてはいけないのです。

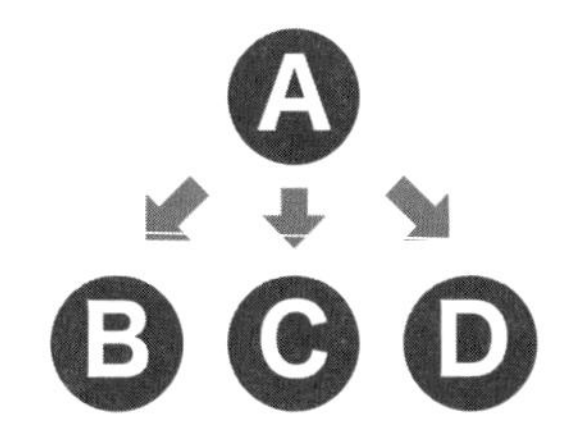

このように考えたら「A：火を利用してマップを攻略する」だから「B：水鉄砲」とか、だから「C：木を育てる」とかにはなり得ないですよね？

それからアイデアが十分膨らんで、コンセプトがきちんと確立したことが確認できるまでは、アイテムやパワーアップのアイデアを追加するのは禁止です。なぜかと言うと、アイテムやパワーアップというのは、コンセプトにあることをより楽しめるようにするためにあるものだからです。

ですから、コンセプトが確立していないうちは適切なアイテムやパワーアップは決められないのです。まずはコンセプトを確立させましょう。

アイデアは必ずコンセプトをより助長するかどうかを吟味して膨らませていく。

9-12 レースの車が変形したらいいんじゃない？

Transform Car Race
トランスフォームカーレース

テーマ：カーレース

コンセプト：
変形する車で
レースをする

システム：
2パターンに変形する車
燃料補給タンク
加速ゾーン

Transform Car Race
トランスフォームカーレース

変形する車に乗り込み、レースに臨みましょう！

横長型

変形

縦長型

変形切替え LR で変形します

ハンドル

ターボ

アクセル ブレーキ アクセル

Transform Car Race
トランスフォームカーレース

コース上にはさまざまな障害物があります。

▲ このような場所では、縦長型に変形してすり抜けます。

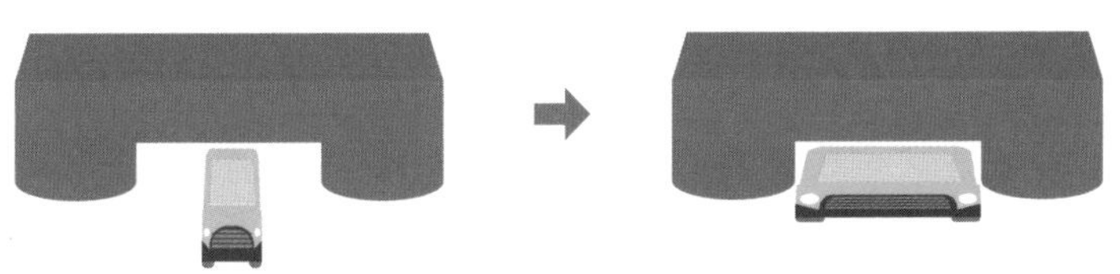

▲ このような場所では、横長型に変形してすり抜けます。

Transform Car Race
トランスフォームカーレース

コース上にはさまざまなアイテムが落ちています。
これらをうまく活用して一位でゴールを目指しましょう！

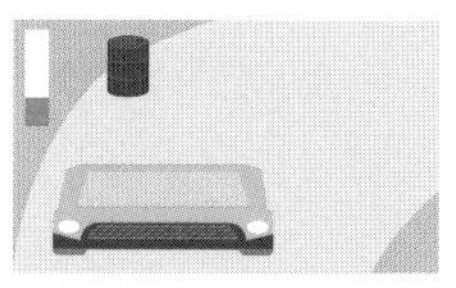

どんどん減っていく燃料メーターをチェックしながら、コース上に
落ちている燃料タンクを拾って補充しよう！　無くなると低速走行になります。

ターボは3つまでストックでき、△ボタンで使用すると、
一定時間加速します。壁などにぶつかるとキャンセルされます。

解説

この企画の特徴は、変形する車です。横に長く平べったい形と縦に細長い形の２パターンを切替えながらレースを行ないます。コース上にある障害物を避けるためには、それに合った形に変形する必要があるのです。

そして走行すると、どんどんと燃料を消費していき、燃料メーターが減っていきます。これがなくなる前に、コース上に落ちている燃料タンクを取って補充する必要があります。

また、ターボアイテムを取ると３つまでストックできて、使用すると一定時間加速できるので、使いどころをよく考えましょう。ライバルカーに打ち勝ってトップでゴールを目指しましょう。

というわけで、リアルなドライブシミュレーターではなく、ゲーム的な要素を多分に含んだレースゲームを楽しんでもらおうという企画になります。

傾向

この企画のコンセプトは「変形する車でレースをする」ことを楽しんでもらおうというものです。だとしたらこれが核になるアイデアであり、**核を膨らませるアイデアは、このコンセプトをより楽しめるようにするためのもの**が集まっていなくてはなりません。

しかしこの企画では、車が変形することで楽しめるアイデアはコース上に横幅が狭いところや天井が低いところがあり、それに合った形に切り替えるというアイデアしかありません。

それ以外では燃料補給アイテムやターボアイテムといった、車の変形とは何の関係もないアイデアで構成されています。

全体を見渡してみると、どちらかと言えば変形する車での遊びよりも、とにかく燃料が切れないように補充し続ける遊びの方が主になっている印象です。

このアイデアを思い付いた瞬間に頭の中に浮かんだ映像は、まさに車がモーフィングのように自由に変形するところだったはずです。トランスフォーマーみたいに瞬時にガシャガシャと変形するのがおもしろそうに思えたのでしょう。それが「気持ちいい」と感じたのだと思います。だとしたら、そこをもっともっと膨らませなくてはいけません。

ところがアイデアはうんうんと唸って考えてもそれ以上出てこなくなって、苦し紛れにアイテムのような、ゲームのサブ的要素に飛びついてしまいました。

苦しくなると、ついこれらの仕様に逃げてしまいがちですが、あくまでもこれらはサブ的要素なので、肝心のゲームの根幹要素が確立していないと設定できないのです。なぜなら、サブ的要素は根幹要素をより楽しめるようにするために存在するものだからです。つまり根幹要素が確立していないうちは、何をより楽しめるようにすればいいのかがはっきりしないので、サブ的要素を決めることができないというわけです。

このプロジェクトでは「車が変形する」から「縦横の障害物に形を合わせれば通過できる」というアイデアまで膨らんだところで詰まってしまったので、アイテムの燃料タンクとかターボとかいった、コンセプトとは別の柱を立ててしまったのです。

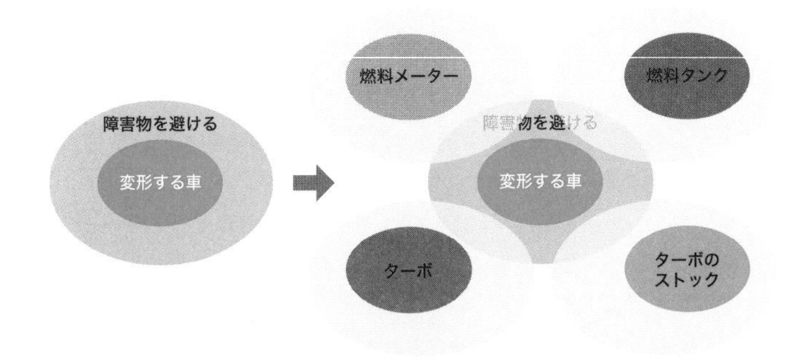

これらのアイデアも少しずつ膨らませることはできるでしょうし、その一部はコンセプトを膨らませた部分と多少なりとも関係することがあるかもしれません。しかし、これでは「変形する車でレースをする」ゲームとは言えないのです。

アイデアを膨らませていく過程で、いつの間にかコンセプトから離れてしまうことがよくあります。これは「どうしたらおもしろくなるか？」を考えていく中で、おもしろいと思える要素を次々に足していった結果なのだと思います。おもしろくしようとして考えたことなので、それをどんどん入れていけばおもしろいゲームになるように思えるでしょう？　でも違います。その場合、何のゲームになったのかがわからなくなることが多いのです。

対策

それではどのように考えていけばいいのでしょうか？

核を膨らませるアイデアを考える時は、コンセプトを中心にして、それをさらに楽しめるものにするアイデアに限定して考えなくてはいけません。すべての派生するアイデアは、コンセプトにあることをより楽しめるようにするために存在する、そういう関係のアイデアだけを考えてください。図にすると次のようになります。

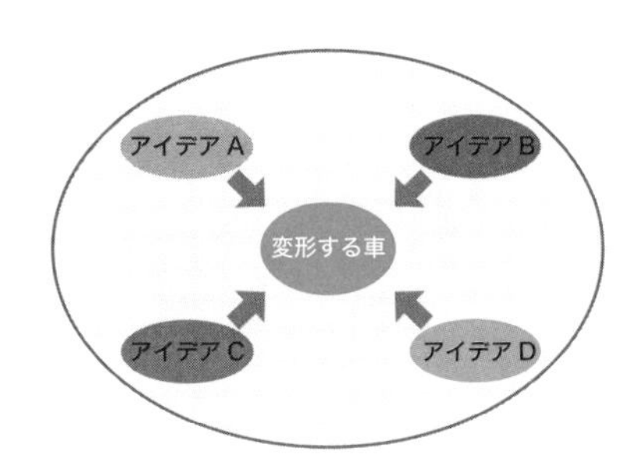

この企画の場合、コンセプトは「変形する車でレースを楽しむ」ことです。「縦横の障害物を避ける」は「変形する車」をより楽しめるようにすることに貢献します。だからこれは合っていますよね？

しかし「燃料タンクで燃料補充」や「ターボで加速」は「変形する車」をより楽しめるようにすることとは関係ありません。だとしたらこれらのアイデアでは核になるアイデアは膨らまないのです。

そもそもコンセプトが「変形する車」であり、それこそがこの企画の独自性なのですから、「車が変形するとどんなイイコトがあるのか？」「どんなおもしろいことが起こるのか？」「どのような変形をするとおもしろいか？」をもっと考える必要がありそうです。横長と縦長といった形だけではなく、機能なども含めてもっと他にどんな変形があったらおもしろいかを考えなくてはいけませんでした。そしてそれらの変形をすることで生じる「イイコト」は何かを考えるのです。有利不利が生じたり、ライバルカーとのやり取りが変わったり、コース取りが違ったり、より速く走れたり、カーブを速く曲がれたりするレースに関わる効果が出せないかを考え、そこからバランスを考慮していくつかの変形に絞っていくという手順が必要でしょう。

もしコンセプトを中心にしてアイデアを膨らませようとしたけれども、どうしても膨らまないようなら、そのコンセプト自体に問題があるかもしれませんので見直してみることをお勧めします。

ポイント

コンセプトを中心にしてアイデアをとことん膨らませよう。もしそれがあまり出ないとしたら、コンセプトが弱い証拠。

9-13 ロボットならカッコいいんじゃない？

ROBOT WARS
ロボットウォーズ

テーマ：ロボット

コンセプト：
ロボット同士の近接戦闘の緊張感

システム：
ジャンプ、移動、ガード、しゃがみ
□△ R1/L1　パンチ攻撃
×○ R2/L2　キック攻撃

ROBOT WARS

OPTIONS ボタン

L2 ボタン

L1 ボタン

R2 ボタン

R1 ボタン

方向キー

ボタン

左スティック

垂直ジャンプ

斜め後方ジャンプ

斜め前方ジャンプ

後退
上段ガード

前進

しゃがみ
下段ガード

しゃがみ

しゃがみ

パンチボタン

□	△	R1	L1
弱	中	強	弱中強同時押し
×	○	R2	L2

キックボタン

解説

テーマとしてよく取り上げられているものに「ロボット」があります。この企画もテーマを「ロボット」として、「ロボット同士の近接戦闘の緊張感を楽しんでもらいたい」というコンセプトになっています。

この企画では奥深い格闘ゲームの駆け引きをロボットで楽しんでもらおうという趣向です。特に格闘ゲームの醍醐味でもあるコンボを繋げる気持ちよさに重きを置いています。

傾向

テーマを選ぶ時、自分の好きな分野を選ぶことも多いでしょう。ロボット好きな人も多いでしょうから、テーマとしてロボットが取り上げられることが多いのもわかります。

ただ、ロボットをテーマに選んだのなら、ロボットならではのゲームにするべきです。

この企画では「近接戦闘の緊張感を楽しんでもらいたい」と考えているようですが、これは「ストリートファイター」や「鉄拳」といった人同士の対戦格闘ゲームにもあるコンセプトです。ロボットだから初めて成立するというものではないのです。

コンボで敵を圧倒する楽しさは人対人の格闘ゲームでも楽しめます。それをロボットに置き換えたら何が違うのか？　この企画からは見出せません。

操作方法も人対人の対戦格闘ゲームに見られるキー配置を踏襲していて、ロボットであることを感じさせません。

このままだとよくある格闘ゲームと変わらないし、ロボットである意味もない、中途半端で新規性のない企画になってしまっています。これは制作者がロボット好きで、格好いいロボットが動く様が見てみたくて、なおかつ対戦格闘ゲームが大好きで、その遊びで遊びたいと考えている中で、両者が結びついたのだと思いますが、単に好きなものを寄せ集めただけでは企画として成立しないのです。それらを融合させた結果、何が生まれるのかというのが大事だからです。

つまりこの企画の場合は「テーマ」しかなくて、「コンセプト」と「システム」はそれに沿っていないので企画として成立していないことになります。

対策

テーマをロボットにしたのですから、もっとロボットである意味を考えましょう。

一体この企画はロボットであることでどんな「イイコト」が生まれるのでしょう？

そのテーマでしか存在し得ない要素を盛り込んで、それがあるからできること、楽しめる遊び、味わえるスリルを考えるのです。

そしてその遊びやスリルを楽しんでもらうことを「コンセプト」にして、それを成立させるために必要な「システム」を考えましょう。

ロボットのようなテーマを掲げたら、そのテーマだからこそ実現できる「遊び」とは何か？　をとことん考え抜いてほしい。

9-14 バカゲーならいいんじゃない？

PRINTHROW PRINCESS
プリンスロープリンセス

PRINTHROW PRINCESS
プリンスロープリンセス

テーマ：姫

コンセプト：

いい寄ってくる王子たちを投げて
戦うアクション

システム：

- 移動
- □　王子を持ち上げる、投げる
- ×　ジャンプ

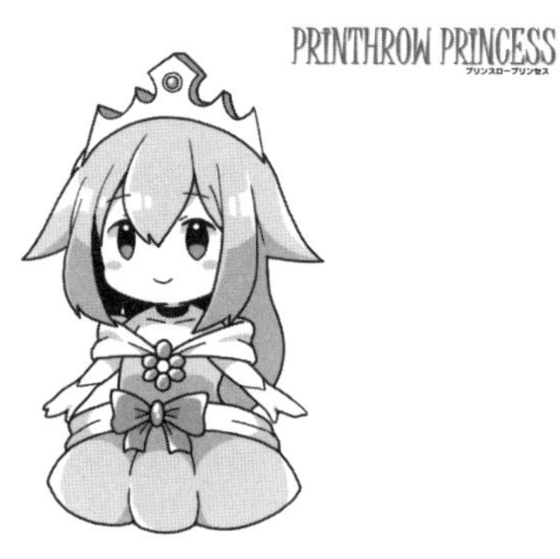

プリンスロー王国には
ひとりの姫がおりました。
姫の名前はロザリー。

王様は姫の結婚相手を
世界中の王子から選ぶと
内外に御布令を出したのです。

すると世界中から
我こそはと王子たちが
姫の元に集まってきました。

姫は王様に「ドラゴンを
倒すことができた王子と
結婚します」と告げ、
自らドラゴン退治の旅へと
出発したのです。

PRINTHROW PRINCESS
プリンスロープリンセス

クォータービューの横スクロールアクション

で姫を操作します。
王子たちは姫の後を追って次々に擦り寄ってきます。

PRINTHROW PRINCESS
プリンスロープリンセス

□ボタンで近くの王子をひとり持ち上げます。

もう一度□ボタンを押すと姫の向いている方向に
王子を投げます。

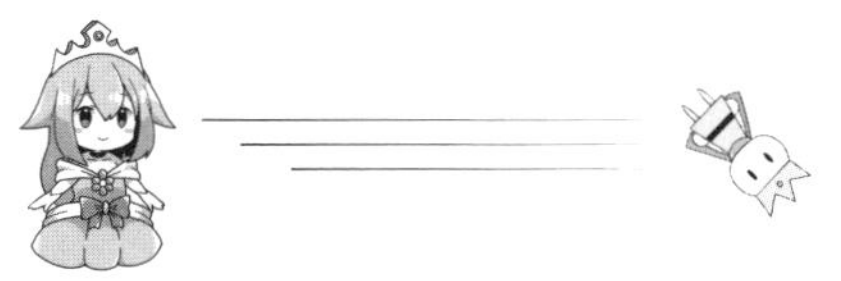

解説

結婚相手を募集している姫の元に、姫の結婚相手に選ばれようと各国から王子たちが擦り寄って来て、ドラゴン退治に向かう姫の後をぞろぞろとついて来るという設定です。

姫はなんと逞しいことに、そばにいる王子を次々に軽々と持ち上げては投げ飛ばします。そして投げた王子をぶつけることで敵を蹴散らしたり、アイテムにぶつけて取ったり、スイッチを押したりして仕掛けの謎を解きながら進みます。

とにかく王子を持ち上げ、投げ飛ばす姫という意外性によって思わず笑ってしまい、それが「気持ちいい」のです。その結果、笑いながら楽しめるアクションゲームを創ろうとしているのです。

傾向

この企画はいわゆる「バカゲー」というジャンル(?)のゲームです。姫が王子を持ち上げて投げるという馬鹿馬鹿しさが売りなのです。設定の馬鹿馬鹿しさから思わず笑ってしまうことでおもしろがらせようとしています。このように思わず笑っちゃうというのも「気持ちいい」になるのです。

学生さんの企画では、たまにこのような突飛な設定や馬鹿げた行動をメインにしたゲームの企画を目にすることがあります。

それ自体は決してダメではありません。むしろ会社組織で創るゲームは商業的なことを意識するあまり、こういった突飛な設定や馬鹿馬鹿しい行動をメインにするゲームは創り辛いので、学生の特権であるとも言えると思います。

でもそれが魅力となって支持されるインディーズのゲームもたくさんありますから、商業的にも価値がある可能性も否定できません。

ただ、この企画に関しては、そのバカゲーとしての設定や行動に制作者が酔っているだけのように思えます。「プリンス（王子）」と「スロウ（投げる）」を掛けて悦に入っているだけなのではないでしょうか？　確かに小柄な王子たちが大柄な姫の後をぞろぞろついて行く様はおもしろそうですし、それを持ちあげて投げるという意外なアクションは可笑しくて楽しそうではあります。

しかしよく考えると、これって単に王子が弾であるだけですよね？　しかも王子が寄ってこないと弾が撃てないシューティングゲームだということです。これが王子ではなくてただの弾だったとしたら、何の変哲もないクォータービューのシューティングアクションに過ぎず、全然おもしろくありません。

バカゲーだからといってゲーム性が無くてもいいわけではありません。まずゲーム性が楽しめるものになっているのが大前提で、その上で馬鹿馬鹿しい設定や行動があることで相乗効果となって笑いながら楽しめるバカゲーになるのです。そこを勘違いしないようにしてほしいと思います。

対策

とにかく設定に酔ってしまったり、言葉遊びにならないように、しっかりとゲーム性について考えましょう。

特に二重に掛けてシャレになっている言葉が思い付いて気に入ってしまい、その言葉の呪縛から逃れられず、仕様を歪めてしまうことは避けてほしいのです。

例えばよくあるのがこんな感じです。

ある企画者が何かの荷物をA地点からB地点に運ぶという行為でゲームアイデアを考えたとします。当然このままでは単なる作業なのでゲームにはなっていませんよね？　そこでこの荷物はとっても「重い」荷物で、それをズリズリ引き擦って運んで行く操作にしたらどうか？　と考えるのです。なぜそんな風に考えたのでしょうか。

実はこの企画者の頭の中では「重い」と「想い」というシャレが思い付いてしまい「これはいいぞ！」と悦に入っていたのです。

そこでこのゲームの目的として、プレイヤーである主人公が想いを寄せる彼女の元にある荷物を運ぶことで、その「想いを届ける」ことだ！　などという設定が頭に浮かんでまた大層気に入ってしまったのでした。

こうなってしまうと、すべての仕様はこの「重い」荷物を運んで「想いを届ける」という設定が基準になって考えられてしまうので、どんどん歪んだものになりがちです。

運ぶ荷物が重いので、プレイヤーが操作する主人公が押しても引いてもズリズリとゆっくりしか動かせないことになります。それがちっとも「気持ちいい」になっていなくてもこの企画者の根本的な発想の源は「重い」と「想い」なのですからそこは変えようとしません。するとそれ以外のところで何とかしようとしてしまうのです。

くれぐれも言葉遊びから発想するのではなく「気持ちいい」を見つけることから発想してください。

さて、この企画の独自性は「弾の代わりに人間である王子を持ち上げて投げる」ということですよね？　だったら次に考えるべきことは、その独自性があることで存在する「イイコト」は何か？　つまり「何か変わることはないか？」「何かできるようになることはないか？」「何か良くなることはないか？」ということです。

投げるのが王子だからできることは何かないでしょうか？　弾ではなく王子は人間ですし、自分の意思で動くことだってできるのですから、投げて飛んで行った先で勝手に行動することだってできそうです。

また、王子がたくさんいるからできることは何かないでしょうか？　ひとりの王子では解けない謎や仕掛けが10人の王子だと解けるなんてことも考えられそうです。

さらに王子をどうやって投げるのでしょうか？　ただまっすぐ前方に投げるのと放物線を描いて投げるのでは遊びが変わってきますよね？

そもそも主人公が姫だからできることはないでしょうか？　ウインクすると敵が痺れて一定時間動けなくなってしまうとか。

このように考えていって、弾がぞろぞろついて来る王子たちである必然性が生まれるまでアイデアを練っていくのです。その結果、一体何を楽しむゲームになったのかを客観的に分析してみてください。「○○○を楽しんでもらいたい」というのがはっきりしたら、それがコンセプトですから、それを中心にして核を膨らませるアイデアを考えましょう。

「塊魂」というゲームも一種のバカゲーだと思いますが、とにかく世界中にあるありとあらゆるものを塊に巻き込んで大きくしていくのが「気持ちいい」のです。

「塊魂」©BANDAI NAMCO Entertainment Inc.

巻き込むという行為だけでは単に作業になってしまいますが、塊が小さいうちは小さいものしか巻き込めないが、塊が大きくなるにつれて巻き込めるものが増えていくというシステムによって、制限時間内に何をどういう順番で巻き込んでいくかというゲーム性が生まれ、オブジェクトの絶妙な配置によってゲームが形作られているのです。

また、以前プロデュースした作品に「マッスル行進曲」というバカゲーがあります。

このゲームはナムコの新人研修で生まれた企画で、それがおもしろかったのをわたしが覚えていたので、Wii が発売された時、ダウンロードコンテンツとして蘇らせたものです。

「マッスル行進曲」©BANDAI NAMCO Entertainment Inc.

このゲームはプロテインを盗んだドロボーを追いかけて、ボディビルダーのようなパンツ一丁のマッチョな男たちが 1 列に並んで街を駆け抜けて行くという何ともおかしな設定で、それだけでも馬鹿馬鹿しくて笑ってしまうのです。

しかしそのゲーム性は単純だけれども、しっかりとスリルを生むものになっています。

ドロボーは逃げる際、街のあちこちの壁を突き破って行きますが、その時左右の手の上げ下げの組み合わせで 4 パターンのポーズの穴を開けて行くので、後に続くプレイヤーもその穴と同じポーズを取れればダメージを受けずに進め（課題）、ドロボーに近付いて行き、追い付いて捕まえられたらクリア（目的）となるのです。

新人研修当時は PS のアナログコントローラーで腕の上げ下げをしていましたが、それを Wii に移植するにあたり、Wii リモコン 2 本を両手に持って穴と同じポーズをするというシステムで実現しました。穴に到達するまでに、穴と同じポーズを取るのが「気持ちいい」のです。

もしあなたがバカゲーを創ろうと思ったのなら、ぜひゲーム性もしっかりしたバカゲーを創って、頭が固くなったクリエイターたちを驚かせてください。

バカゲーだからといって、ゲーム性が無くてもいいわけではない。そのバカげた設定だからこそ存在する遊びが必要。

9-15 シミュレーションすればいいんじゃない？

ザ・就活

テーマ：就職活動シュミレーション

コンセプト：

人生の一大イベント就活を体験する

システム：

- 選択
- ○ 決定
- × キャンセル

ザ・就活

ゲームの流れ

プレイヤーは企業研究から応募、試験、面接と
実際の就活の流れに従ってコマンドを選択していきます。

ザ・就活

応募

まず企業を選び、情報を得ます。
そしてエントリーシートから応募すると試験へと進みます。

企業研究 → 応募

複数企業から１社選ぶ

履歴書を作成して応募する

応募する会社を選んでください

☞ BN エンターテインメント
KT ゲームス
オーバル・フェニックス
満点堂
ツナミホールディングス

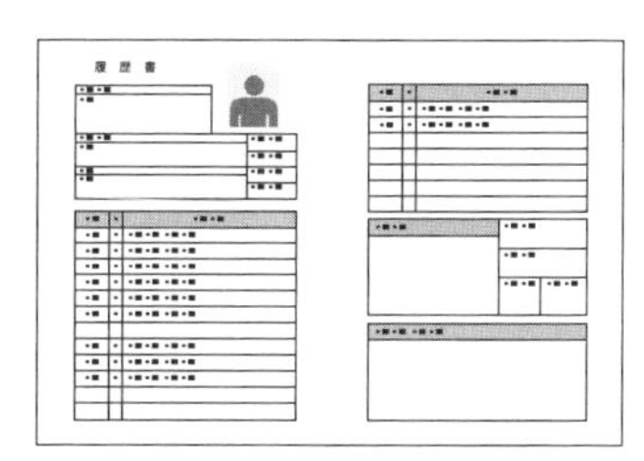

試験／面接

ザ・就活

適性試験は○×△□ボタンで選択して解答します。
面接はカーソルで選んで回答します。

適性試験 → 一次面接

選択式で試験問題を解く

りんご・みかん・キウイを9個買った。
3種類について、次のことが分かっている。

1. 3種類とも少なくとも1個は買った
2. りんごの数はみかんより多い
　このとき、必ず正しいといえる推論はどれか。

○ キウイが2個ならば、みかんは3個である
× キウイが2個ならば、みかんは2個である
△ キウイが5個ならば、みかんは1個である
□ ぜんぶまちがい

コマンド式で
面接の質問に答える

☞御社の社風に関心がある
　御社の事業内容に関心がある

面接／内定

ザ・就活

面接はカーソルで選んで回答します。
すべて合格すると内定となります。

二次面接 → 役員面接 → 内定

コマンド式で
面接の質問に答える

☞居酒屋のアルバイトに力を入れた
　学友会の活動に力を入れた

コマンド式で
面接の質問に答える

☞社長を目指して頑張る
　与えられた仕事を正確にこなす

全て合格で
内定

解説

自分がよく知っているテーマを選ぶと、より深い内容が実現できるので、それを知らない人では創り得ない内容のゲームが創れるかもしれません。ですからどんなことでも興味を持って知ろうとすることは大事です。

この企画は、今就職活動をしている学生にとって、最も身近なテーマですし、まさに現在進行形で体験していることなのですから、考えやすいと言えるでしょう。

傾向

採用試験で企画書を課題にすると、この手のシミュレーションゲームによく出会います。そのテーマは大学生活であったり、バイトであったり、部活動であったり、この企画のように就活そのものであったりと、自分が今経験している活動を取り上げているものが多いのが特徴です。

そしてそのほとんどが、そのテーマの活動の要素やイベントなどを単純に羅列しているだけなのです。もちろん一部はゲームっぽい装いをしてはいます。この企画で言ったら面接がコマンド式のアドベンチャーゲーム仕立てになっているように。

大学生活だったら入学式、履修登録、授業、バイト、学園祭、部活動、合宿、卒業式などのイベントを羅列して、ちょっとゲームっぽい仕立てにしたものだったりするのです。

これではゲームではありません。シミュレーションゲームはそのテーマの要素をなぞるだけでは遊びになっていないのです。

対策

ただイベントが順番に出てくるだけでそのテーマを楽しめるわけではないですよね？　そのテーマのおもしろい要素を抽出して、楽しめるようにアレンジする必要があるわけです。そもそもそのテーマ自体、遊びとして楽しめる要素を切り出せるのか？　というところから考えないといけないでしょう。その上で何を楽しむのかをしっかり決めて、それが活かせるシステムに落とし込むことが必要です。

最後にひとつ忠告しておきたいことがあります。この企画案の２枚目のテーマのところに「就職活動シュミレーション」と書いてありますが、これは間違いです。

正しくは「就職活動シミュレーション」です。ナムコで採用課題の企画書を採点していた時、毎年必ずといっていいほど「シュミレーション」と書かれているものに出くわしました。

審査者の中ではこれを「趣味レーション」と呼んで減点していましたから、シミュレーションゲームの企画を立てたときは注意してくださいね。

要素やイベントを並べるだけではシミュレーションゲームにはならない。

9-16 直接操作できた方がいいんじゃない？

Three tribes wars

スリートライブウォーズ

企画案

Three tribes wars
スリートライブウォーズ

今までのタワーディフェンスでは
配置したらそれをリアルタイムに
直接操作することはできませんでした。

しかし本企画では配置した後も自由に切り替えて
直接操作することができるので、
より戦略性が深まります。

Three tribes wars
スリートライブウォーズ

テーマ：

直接操作できるタワーディフェンス

コンセプト：

駆け引きを楽しんでもらう

システム：

●	移動
○	決定
L／R	ユニット切替

Three tribes wars
スリートライブウォーズ

部族（ユニット）は３種類いて、
三すくみの関係になっています。

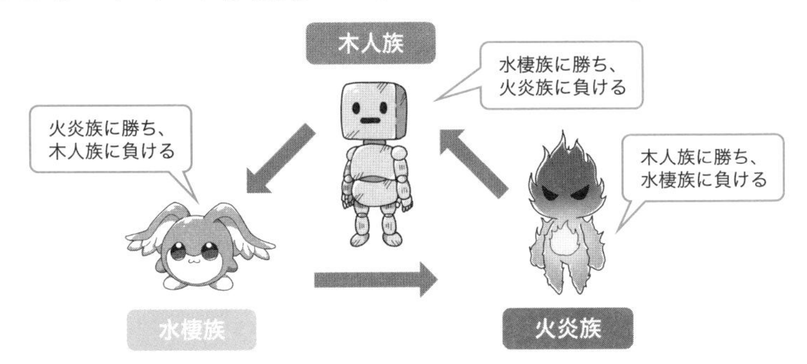

それぞれ隣り合うと戦い、上記のルールで勝敗が
決まります。

Three tribes wars
スリートライブウォーズ

配置ターン　開始前に与えられたマネーを元手に、敵を攻撃するユニットを雇ったり、能力を増強したりします。また、雇ったユニットを自由に配置します。

敵ターン　敵が基地に向かって移動を開始し、一定時間移動します。この間も、プレイヤーは配置したユニットを直接操作することができます。
（L/Rで操作するユニットを切替えます）

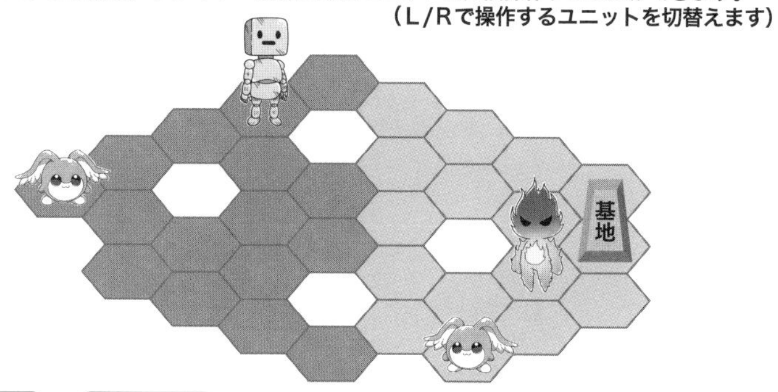

配置ターン と 敵ターン を繰り返してユニットの増強・配置・戦闘をしていきます。

Three tribes wars
スリートライブウォーズ

戦闘　ユニット同士が隣り合うと自動的に戦います。結果は三すくみによって決まります。敵を倒すことでマネーが手に入ります。

勝敗　敵が基地を攻撃してライフがなくなると負けです。その前に敵をすべて殲滅させるとクリアとなります。

Three tribes wars

敵の配置や動きを見ながら、すぐさま
直接操作して対応する事ができるので
より駆け引きと戦略性が深まります。

Three tribes wars

マネタイズについて

マネーを使ってガチャを引くことができます。
ガチャではゲームを有利に進めるアイテムが入手できます。

- 新たな部族（ユニット）
- 基地のライフの上限アップ、回復
- ユニットの強化アイテム
- 罠を仕掛ける地形
- 配置ターンの時間延長等々

マネーが足りない場合は、現金で購入することも
でき、その場合はいいアイテムが出る確率がアップ
するのでより有利にゲームを進められます。

解説

シミュレーションゲームのアイデアもよく見かけます。結構考えるのも、バランスを取るのも難しいジャンルだと思うのですが、好きでよく遊ぶ人が多いのでしょうか？　理系の方、特にプログラマからの提案も多い気がします。

アイデアを考える際、いわゆるそのジャンルの常識を疑ってみるというのも手だと思うのです。この企画は、シミュレーションゲームのひとつ、タワーディフェンスをテーマにしています。タワーディフェンスというのは、自軍の基地のタワーを守るという意味で、基地を占領されないように砲台などの複数のユニットを限られた資金を使ってフィールドに設置し、コストとパフォーマンスを考えながら遊ぶ戦略的なゲームです。

ここではタワーディフェンスの中で、ターン毎に交互に動かすという将棋のようなルールを変えて、敵のターン中にも動かせるようにしたのが独自性です。

こうすることで、敵の動きを見て、すばやく臨機応変に行動することが可能となり、敵の攻撃や移動が終わるのを待っている退屈な時間がなくなり、より駆け引きや戦略性が高まるというわけです。

傾向

まず、ジャンルに見られる常識を疑ってかかって、相手のターン中にもユニットを動かせるようにしてみようという考えは悪くはありません。ただ、その際それを変えたことで「何が変わったのか？」「何ができるようになったのか？」「何が良くなったのか？」のような「イイコト」は何かをしっかり考えてほしいのです。

よくあるパターンが、深く考えずに「駆け引き」とか「戦略性」という言葉を使ってしまうことです。この企画でも、前書きやコンセプトや締めの言葉でも、「駆け引き」「戦略性」が深まると書かれています。果たして本当でしょうか？

そもそもタワーディフェンスにおいて、ターン毎に交互にしかユニットを動かせないことによって、どんな「イイコト」があるのでしょうか？

それは将棋を考えればわかると思いますが、相手の出方を見て、その先の手をじっくり考えて、次の一手を打つという「戦略性」を楽しんでもらうのに、この交互に動かせるという仕様が貢献しているのです。

また部族（ユニット）は３種類あって、それぞれが「三すくみ」の関係になっているとされていますが、この「三すくみ」というのが曲者です。何となく「三すくみ」の関係がありさえすればゲームの駆け引きが生まれると思っている人がいるのではないかと思うのですが、そんなことはありません。

「三すくみ」というのは、例えばじゃんけんのグー、チョキ、パーの関係のようなことです。じゃんけんが遊びになるのは、相手が何を出すかわからないからです。もし相手がグーを出すことがわかっていたならどうでしょうか？　当然パーを出しますよね？　チョキやグーを出す意味はまったくありませんからね。ここには「駆け引き」も「戦略性」もなく、単なる「作業」に過ぎません。

それからもうひとつ気になったのは、最後のマネタイズという部分です。肝心なゲーム内容が上っ面の言葉だけで中身がないのに、課金なんて問題外です。もちろん昨今無料でゲームを遊ばせて、ゲーム内課金で利益を上げるビジネスモデルが盛んなので、どうやって儲けるかというのは大切ではあります。しかし、それもゲームがおもしろくてもっとやりたいと思えてこそなので、まずはゲーム内容をもっと考えるべきでしょう。

ある学生のゲームコンペを見学した時、そこに審査員として招かれていたあるゲーム会社の人が、ゲーム内容に対する評論は一切なしに「これでどうやってお金を取るんですか？」なんてマネタイズについてのコメントしかしないのを目の当たりにして失望しましたが、そんな人が審査員をやっているから学生がゲーム内容よりもマネタイズに力を入れてしまうなんてことが起こるのかもしれず、責任の一端は業界にもあるのだと思います。

しかしすでにスマホアプリの世界でも、ゲーム内容のクオリティの低いものは淘汰されています。まずはしっかりゲーム内容を高めることに力を注いでください。

対策

「駆け引き」というのは、こちらが打った手によって相手がどう出てくるか？　を予想して次の一手を考える要素がなくては生まれません。

「戦略性」は何手も先の展開を読んで今の行動を起こし、結果を見て作戦を修正していくことを楽しむものですから、その深さに合わせてじっくりと検討する間合いが必要です。なのでそれに適したテンポが求められます。

「三すくみ」というのは３つのものが対峙していて、あるものが他のひとつに対しては勝ちになり、もうひとつに対しては負けになる関係で、本来の意味では三方にらみ合って身動きが取れなくなる状況を指しますが、ゲームの場合は完全に勝ち負けではなく、有利不利になることが多いです。そこでその弱点を補うようなテクニックやアイテムなどを用意することで、駆け引きとか戦略を楽しめるようにするシステムのアイデアが必要になります。

ポイント

安易に「駆け引き」とか「戦略性」とか「三すくみ」といった言葉を使って、ゲーム内容がまとまったような錯覚に陥ることのないようによく考えよう。

1
2
3
4
5
6
7
8
9

9-17 VRならいいんじゃない？

SHOT360VR

テーマ：360度シューティング

コンセプト：

360度から迫りくるゴーストを銃で撃退

システム：

ＶＲゴーグルを装着

顔を向ける…視点移動

ハンドコントローラー

…銃照準＆発射

SHOT360VR

敵ゴーストは360度からプレイヤー
目掛けて襲い掛かってきます。

SHOT360VR

周囲を見回し、敵を発見したら銃を撃って
倒してください。

SHOT360VR

敵がプレイヤーに接触したらダメージを受け、
HPがなくなったらゲームオーバーとなります。

解説

もともとインタラクティブなメディアであるゲームは、ゲーム世界への没入感が強いのですが、VR はまさにそのゲーム世界の中にプレイヤーが存在しているような感覚に陥ることで、今までにない体験をもたらしてくれます。

この企画も 360 度から襲い来るゴーストを、銃で撃ち落とすという遊びです。どこから襲ってくるかわからないので、周囲を見回していち早く敵を察知し、銃を向けて撃つ緊張感を味わうことができます。

傾向

もしこれが VR ではなかったらどうでしょうか？　いわゆるガンゲームといわれるジャンルのゲームに他なりません。それでは VR になったことで何か「イイコト」があるのでしょうか？　もちろんゲーム世界に入り込んで、前方だけではなく、横を向いても、後ろを振り向いてもゲームフィールドが見えるという感覚は、モニターに向かって遊んでいた従来のガンゲームと較べても新鮮なものがあると思います。

しかしだからといって、遊びが変わったか、良くなったかと言われたら疑問です。通常のガンゲームならモニターに映っている敵の行動を観察し、即座に反応して銃を向けて撃つということに集中できますから、敵が急に現れたり、物陰に隠れたり、隙を見て襲い掛かってきたり、物陰から別の物陰へと移動する瞬間に隙が生まれたり、といったプレイヤーのスキルを発揮するシチュエーションをたくさん盛り込むことができます。

一方 VR の場合は、見えていない方向から敵に攻撃されれば納得性が低下するので、何らかの対処が必要になってきます。そのためにゲーム性を抑える必要さえあり得ます。その結果ゲームとしてはかなり大雑把なものになりかねません。ですから VR にするには、そういったリスクを補って余りある体験性や別のゲーム性を伴う必要があると思うのです。

このように、今まであったゲームを VR にすれば臨場感が増しておもしろくなるんじゃないか？ という安易な発想は危険です。

対策

VR は確かに臨場感のある体験をさせてくれる装置です。しかしだからこそ、その装置があることで、変わることは何か？ 初めてできるようになることは何か？ 良くなることは何か？ をとことん考え抜いてほしいのです。

これは VR に限らず、今後開発されるであろうあらゆる技術について言えることですが、その技術を使ったことで「変わること」「できるようになること」「良くなること」を見つけ、それを中心にしてアイデアを再構築することが求められているのです。逆に言えば、それが見つけられたなら、そこをどんどん膨らませていくことで、新たなコンセプトが生まれたり、新たなシステムが確立したりする可能性があるのです。

そうなってこそ新技術を活かした新しい遊びを生み出すことができたと言えると思うのです。どうか安易に考えないで、VR だからこそ実現できる「遊び」になっているかどうかを見つめ直してください。

それともうひとつＶＲについて思うことがあります。それは移動についてです。ＶＲでの移動には実際にプレイヤーが歩き回って移動するものと、コントローラーで操作して移動するものとがあります。実際に動き回る場合はまさにそのフィールドに「いる」という感覚がして臨場感があります。しかし、コントローラーで移動する場合、ともすると顔を常に真正面を向いていてコントローラーのレバー操作で左右に旋回するように遊んでしまいます。これだとＶＲではない、一人称視点のゲームとあまり変わらないのではないでしょうか。コントローラー操作で移動するＶＲゲームの特徴とは、レバーを入れて移動しながら、その移動方向とは別の方向を見ることができる点にあると思うのです。だから、コントローラー操作にしたのなら、ぜひ移動しながら別の方向を見る必然性というか、その意味がある仕様を考えてほしいのです。

そうなってこそ真のＶＲゲームだと言えると思うからです。

ポイント

VR にすれば何でも臨場感が増しておもしろくなるわけではない。それで失われることを補って余りあるメリットを考えよう。

9-18 パーツ探して組立てればいいんじゃない？

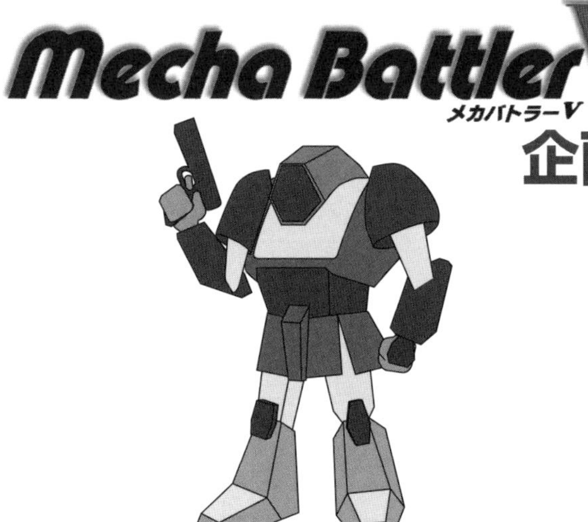

企画案

Mecha Battler V
メカバトラーV

テーマ：メカバトル

コンセプト：

メカのパーツを強化してバトルに勝つ

システム：

- 🕹 移動
- ○ パンチ攻撃
- × ジャンプ
- △ 特殊攻撃
- □ ショット

Mecha Battler V
メカバトラーV

探索パート

フィールド上を歩き回って、パーツ強化に使える
素材を集めるパートです。本部で装備ができます。

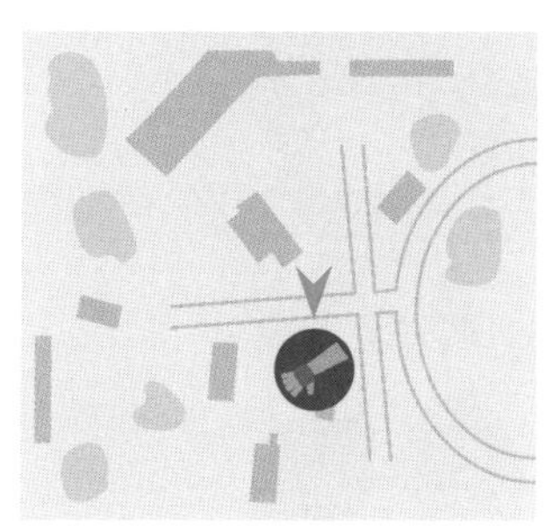

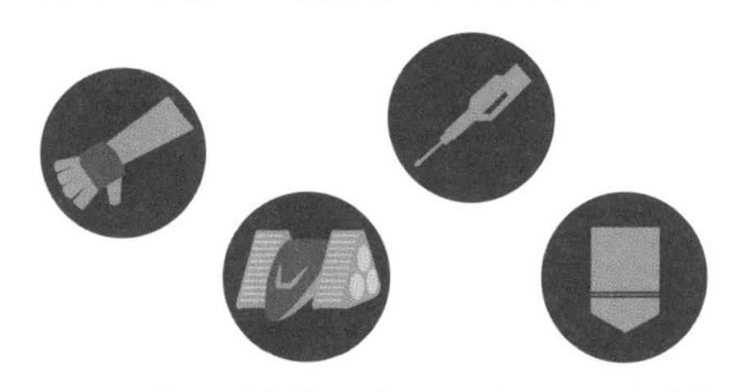

いろいろな入手方法で手に入れたパーツで強化、
改良しよう！
素材を合成してパーツを作ることもできます。

Mecha Battler V
メカバトラーV

戦闘パート

他のメカと接触すると戦闘パートとなります。

戦闘に勝って破壊すると、バラバラになって部品が飛び散るので
無償でパーツが手に入ります。これを探索パートに持って行って合成したり、
装備したりすることもできます。

Mecha Battler V

メカをどんどん強化してミッションをクリア！

探索と戦闘を繰り返しながら、与えられたミッションをクリアしていこう！

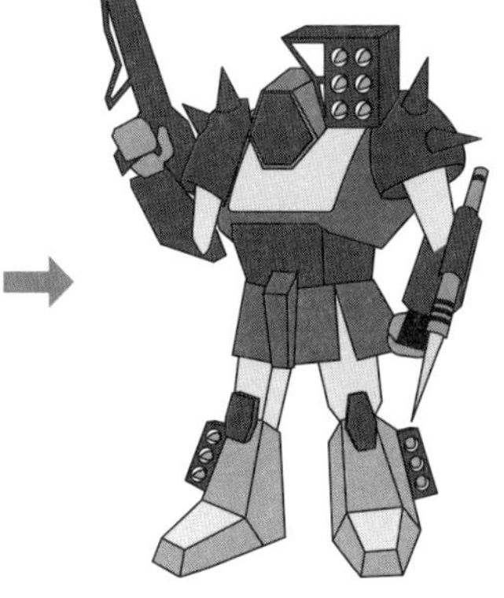

解説

この企画は戦闘メカを操ってバトルするミッションクリア型のゲームです。ゲームはフィールドを歩き回りながら、いろいろな手段で入手できる各種パーツを集める探索パートと、敵と接触することで始まる戦闘パートを行き来しながら進みます。

キモは探索パートや戦闘パートで入手したパーツを組み合わせることで、無限とも言えるカスタマイズができることです。次々に与えられるミッションの内容に合わせて、有利になるように考えてパーツを強化する必要があります。

プレイヤーの工夫次第で、ミッションの難易度が変わってくるので、戦略や分析がミッションクリアの成否を握っているのです。

傾向

この企画は一見まとまっているように見えます。探索パートと戦闘パートという、ゲーム進行の構造もありますし、パーツを入手、合成、装備という工程を経て、メカを強化するという要素もあります。戦闘に関してはパンチ、ジャンプ、ショットを中心としたシンプルな遊びではありますが、一応敵とのやり取りはありそうです。

このように、何となく必要そうな要素がひと通り揃っていると、企画として成り立っているように見えるので、これで企画ができたと思ってしまうケースがたまに見受けられます。

確かにいろいろな要素は散りばめられています。しかし肝心なのは、それぞれの要素が何のために存在しているのかということです。各要素は何かの遊びを実現するために存在し、それぞれが絡み合って初めてそのゲームになるはずなのです。

この企画ではその辺が曖昧で、各要素が絡んだ結果、どういうゲームになるのかがよく考えられていない可能性があります。メカのパーツを強化するというアイデアはいいとして、それをフィールド上で探してくることで、どんなゲームが実現できるのかまで考えずに探索パートとしてシステム化してしまっているように思われます。そしてその対極として戦闘パートが設定され、そこで戦闘に勝った時に敵がバラバラになったらそこでもパーツが手に入ったらいいかな？　と思い付いて付け足したのではないでしょうか？　このようにこの企画者は何となくこんな要素もあった方がいいかな？　ぐらいの考えで仕様を作っているように感じます。そしてその曖昧な考えで入れた仕様をさらに膨らませるアイデアを足していって、結構要素が揃ったので企画がまとまったという気になったのでしょう。

でも、これではダメなのです。このまま創っていっても何ができるのか、わかったものではありません。しかもコンセプトが曖昧なので、それを膨らませるアイデアの良し悪しも判定できないはずなのです。

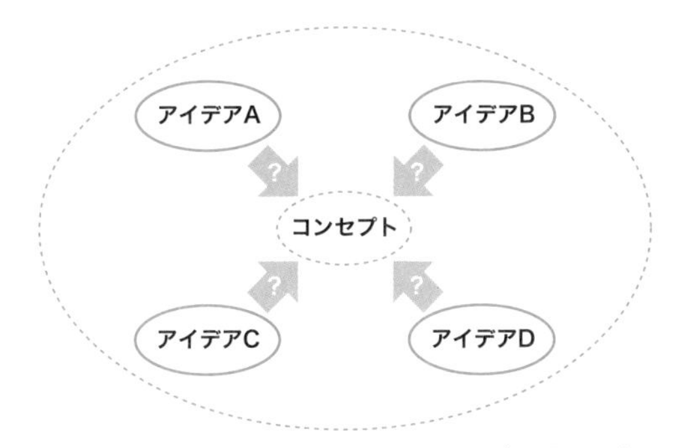

コンセプトが曖昧だと膨らませるアイデアの良し悪しは決まらない

また、このようにコンセプトが曖昧なままで先生や上司などの先輩に意見を聞くとさらに危険なのです。

ある人はこの企画のコンセプトを「あくまで戦闘重視の格闘ゲームを楽しんでもらうもの」だと捉えたとしましょう。その人にとってパーツはあくまでもパワーアップアイテムであり、それに一長一短を設けて、短所を補うようにプレイテクニックを磨くといったバランスのゲームにすべきだとアドバイスするでしょう。例えば操作感を良くする必要があるので、もっとロボットの動きを速くした方がいいというような意見です。

しかしまたある人はこの企画のコンセプトを「パーツの組み合わせや合成による戦略要素の良し悪しを楽しんでもらうもの」だと捉えたとしましょう。するとその人はパーツの組み合わせを考える遊びが中心なのだから、むしろ戦闘は自動で行なわれた方がいいんじゃないかというようなアドバイスをするでしょう。

前者はアクションゲーム寄り、後者はシミュレーションゲーム寄りのゲームになりますよね？　このようにコンセプトが中途半端だと、意見を聞かれた人の頭の中で想像されたコンセプトを基に意見されてしまうのです。その結果、その意見をそのまま取り入れて創られたゲームができますが、それはやはり中途半端なものになりやすいのです。

対策

まず「気持ちいい」を見つけることから始めるんでしたよね？　そしてそれがあることでどんな「イイコト」があるのか、「変わること」「できるようになること」「良くなること」は何かを考えます。その結果、一体何をどう楽しませる「ゲーム」になったのか？　をまとめなおすのです。そうして全体のゲームがどうなるのかをしっかり定義することが大切です。

こうして目指すべき「ゲーム」が確立して初めてコンセプトが生まれ、それを実現するためのシステムが決まるのです。

「何を楽しんでもらうのか？」というコンセプトが曖昧なうちは、システムも決まらないのです。また、核を膨らませるアイデアがその企画に合っているかどうかの判断もできません。例えばパーツとしてどんなものを設定するかというアイデアをたくさん出した後、どれを選ぶかを考えた時、選定基準はコンセプトに沿ったものであるかどうかなのですから、そこが曖昧ならどれを残すのが正解なのかは決められないのです。これを何となくいいと思えるもので決めていってしまうと、どんどん何を創っているのかわからなくなってしまい、企画が迷走して、最悪の場合完成に至らないという事態に陥ります。

また、他人に意見を聞く際には、目指しているゲーム性（コンセプト）をしっかり伝えた上で、その意見が確かにコンセプトに沿ったものになっているかどうかを検証しながら取り入れるかどうかを決定しなければなりません。

くれぐれもコンセプトをしっかり見据えてアイデアをまとめていくことをお忘れなく！

ゲームらしい要素を羅列しただけで、アイデアがまとまった気分になってしまうことがあるので注意！　コンセプトが決まらないうちはシステムも決まらない。しっかりコンセプトを突き詰めよう。

付録

ゲームアイデアチェックシート

ゲームアイデアを考えたら「チェックシート」に書き込んでアイデアをチェックしてみましょう（270 ページにダウンロード方法も紹介しています）。例として「風のクロノア」を記入してみたので参考にしてください。

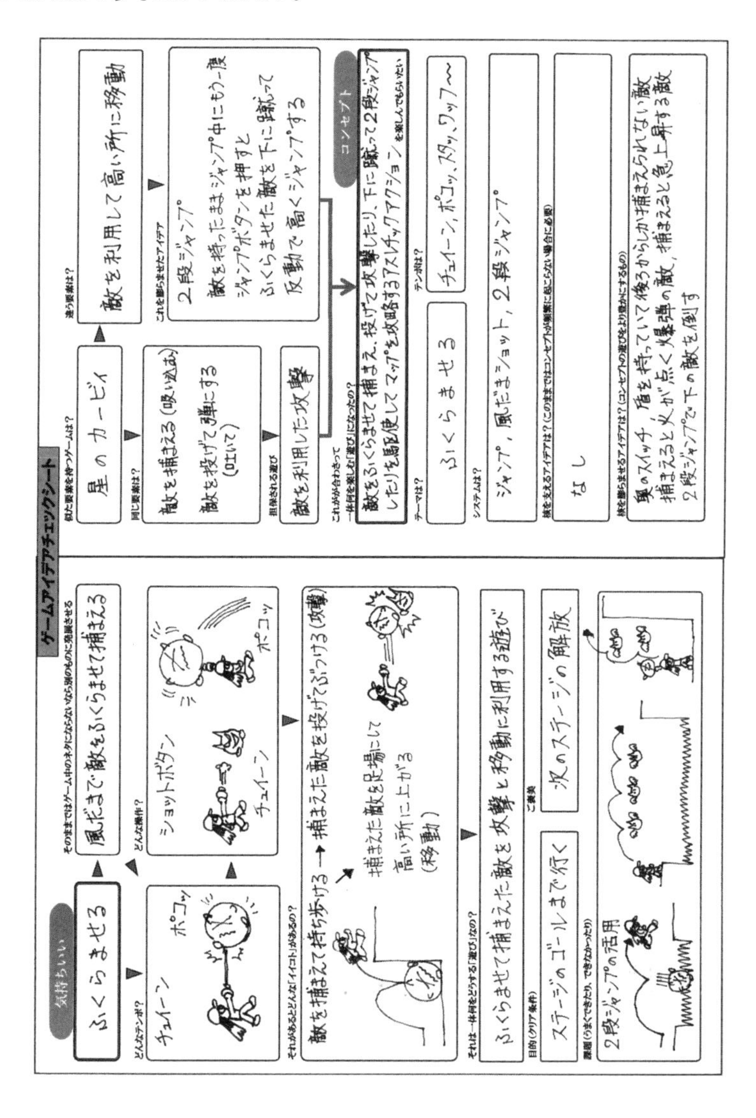

ゲームアイデア

気持ちいい

そのままではゲーム中のネタにならないなら別のものに発展させる

どんなテンポ？

どんな操作？

それがあるとどんな「イイコト」があるの？

それは一体何をどうする「遊び」なの？

目的（クリア条件）

ご褒美

課題（うまくできたり、できなかったり）

チェックシート

似た要素を持つゲームは？

違う要素は？

同じ要素は？

これを膨らませたアイデア

担保される遊び

これがが合わさって
一体何を楽しむ「遊び」になったの？

コンセプト

を楽しんでもらいたい

テーマは？

テンポは？

システムは？

核を支えるアイデアは？（このままではコンセプトが頻繁に起こらない場合に必要）

核を膨らませるアイデアは？（コンセプトの遊びをより豊かにするもの）

『ミスタードリラー』紹介

1999 年　ナムコ（現・バンダイナムコエンターテインメント）　PlayStation 他
⇒最新作「ミスタードリラーアンコール」は Nintendo Switch、Steam、PlayStation4、PlayStation5、Xbox One、Xbox SeriesX/S で好評発売中

4色のブロックで埋め尽くされたフィールドの中を主人公ホリ・ススムくんとなって、足元のブロックを下へ下へと掘っていき、地下深くのゴールを目指す。

4色のブロックはそれぞれ同じ色のブロック同士くっつき、それが4つ以上になると消えて、その上のブロックが雪崩のように落ちてくるので、潰されないように避けながら掘るスリルを楽しむアクションパズルゲーム。

「ミスタードリラーアンコール」
©BANDAI NAMCO Entertainment Inc.

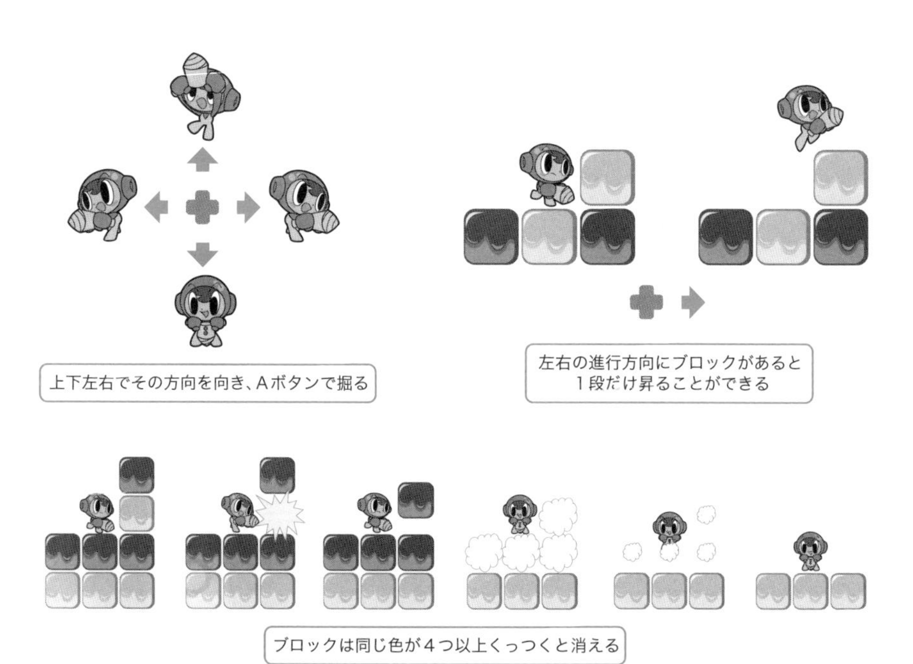

「ミスタードリラー」©BANDAI NAMCO Entertainment Inc.

『風のクロノア door to phantomile』紹介

1997 年　ナムコ（現・バンダイナムコエンターテインメント）PlayStation
⇒シリーズで多数発売中。

3D ポリゴンで構成された立体的なフィールドながら、ルートに沿って垂直に移動するカメラによって、2D の操作感で遊べるアクションゲーム。

十字キー左右で移動、上下で奥手前を向く。B ボタンでジャンプ、A か Y ボタンのショットで風だまを発射し、敵を膨らませて捕まえ、持ち運べる。そのまま A ボタンで投げて敵にぶつけて攻撃できる。また、敵を捕まえた状態でジャンプし、空中にいるうちにもう一度ジャンプすると、敵を下に蹴り飛ばして、その反動でより高く跳べる 2 段ジャンプが特徴。

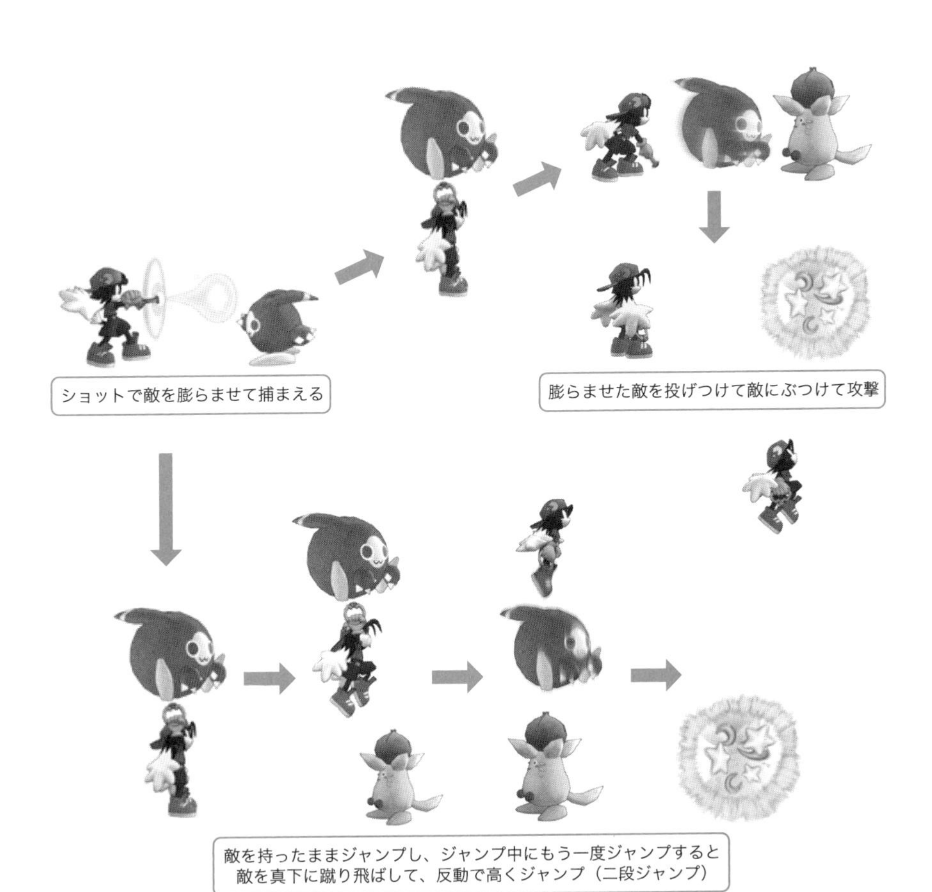

おわりに

最後まで読んでいただき、ありがとうございます。いかがだったでしょうか？　何かアイデアを考える際のヒントが得られましたか？　またはアイデアを考えるのが苦手で悩んでいた方に少しでも役に立てたでしょうか？

もちろんここに書いたのはわたしの手法なので、別にこの通りにする必要なんて全然ないのです。自分なりにアレンジするなり、別の方法を試すなりしてください。

手法は何でも構わないのです。一番大事なのは「新しいゲームを創る」ことなのですから。

わたしが講演の最後によく言う言葉があります。

**「この世に同じものは2ついらない、
この世にないものを創ろう」**

この世にはまだまだ組み合わさったことのない既存の要素がいくらでも存在します。すなわち新しい組み合わせは無限にあるんです。ぜひその中から、まだこの世にない楽しさを見つけて新しいゲームを創り、みんなを驚かせてください。楽しみにしています。

最後に、わたしの企画に賛同していただき、出版していただいた株式会社技術評論社の野田大貴氏と、何度も推敲を重ね、適切なアドバイスをしてくださった落合祥太朗氏にお礼申し上げます。

そして何よりこの本を手に取って読んでくださった読者のみなさんに感謝します。

ありがとうございました。

ご意見、ご感想をぜひ次のメールアドレスまでお寄せください。

よろしくお願いします。

clonoaphantomile@gmail.com

作品リスト　吉沢秀雄

テクモ

ハード	タイトル	担当
AC	ピンボールアクション	サブ企画
FC	マイティボンジャック	ディレクター
FC	スーパースターフォース　時空歴の秘密	ディレクター
AC	ジェミニウイング	ディレクター
FC	忍者龍剣伝	ディレクター
FC	忍者龍剣伝２　暗黒の邪神剣	ディレクター
FC	ラディア戦記～黎明篇	ディレクター
FC	つっぱり大相撲	プロデューサー
AC	スーパーピンボールアクション	プロデューサー
FC	忍者龍剣伝３　黄泉の方舟	プロデューサー
FC	キャッ党忍伝てやんでぃ	プロデューサー

ナムコ / バンダイナムコゲームス / バンダイナムコスタジオ

ハード	タイトル	担当
SFC	スーパーファミリーテニス	ディレクター
SFC	幽★遊★白書	ディレクター
SFC	幽★遊★白書　特別篇	ディレクター
PS	風のクロノア　door to phantomile	ディレクター
Wii U	Wii Sports Club	ディレクター
SFC	ワギャンパラダイス	プロデューサー
PS	スマッシュコート	プロデューサー
PS	R4 リッジレーサータイプ４	プロデューサー
PS	リベログランデ	プロデューサー
PS	エースコンバット３　エレクトロスフィア	プロデューサー
PS2	風のクロノア２　世界が望んだ忘れもの	プロデューサー
WS	風のクロノア ムーンライトミュージアム	プロデューサー
GBA	風のクロノア　夢見る帝国	プロデューサー
AC/PS/DC GBC/WS/PC	ミスタードリラー	プロデューサー
AC/GBA/PC	ミスタードリラー２	プロデューサー
PS	ミスタードリラーグレート	プロデューサー
GBA	ミスタードリラーエース　ふしぎなパクテリア	プロデューサー
GC	ミスタードリラードリルランド	プロデューサー
DS	ミスタードリラードリルスピリッツ	プロデューサー
DS	パックピクス	プロデューサー
DS	右脳の達人 爽解！まちがいミュージアム	プロデューサー
DS	気持ちよさ連鎖パズル　トリオンキューブ	プロデューサー
DS	右脳の達人 ひらめき子育てマイエンジェル	プロデューサー
DS	右脳の達人 爽解！まちがいミュージアム２	プロデューサー

DS	トレジャーガウスト ガウストダイバー	プロデューサー
Wii Ware	マッスル行進曲	プロデューサー
PC	パックマン E1 グランプリ	プロデューサー
DS	超劇場版ケロロ軍曹 3　天空大冒険であります！	製作総指揮
Wii	ファミリージョッキー	製作総指揮
Wii	ハッピーダンスコレクション	製作総指揮
Wii Ware	ミスタードリラーワールド	製作総指揮
Dsi Ware	サクッとハマれるホリホリアクション　ミスタードリラー	製作総指揮
DS	裁判員推理ゲーム　有罪 × 無罪	製作総指揮
3DS	パックマン & ギャラガ ディメンションズ	製作総指揮
DS	フコウモリ　モリリーのアンハッピーぷろじぇくと	監修
Wii	風のクロノア～ door to phantomile ~	監修
DS	超劇場版ケロロ軍曹 撃侵ドラゴンウォリアーズであります！	監修
DS	ひらめきアクション　ちびっこワギャンの大きな冒険	監修
3DS	パックマンパーティ 3D	監修

独立後

ハード	タイトル	担当
NSW/PS4/ PS5/XB	ミスタードリラーアンコール	協力
書籍	ゲームプランナー集中講座～ゲーム創りはテンポが 9 割	執筆

AC ＝アーケード　FC ＝ファミリーコンピュータ　SFC ＝スーパーファミコン　PS ＝ PlayStation
PS2 ＝ PlayStation2　WS ＝ワンダースワン　GBC ＝ゲームボーイカラー　PC ＝パソコン
Wii U ＝ Wii U　GBA ＝ゲームボーイアドバンス　DC ＝ドリームキャスト　GC ＝ニンテンドーゲームキューブ
DS ＝ニンテンドー DS　Wii ＝ Wii　Wii Ware ＝ Wii ウェア
Dsi Ware ＝ Dsi ウェア　3DS ＝ニンテンドー 3DS　NSW ＝ Nintendo Switch
PS4 ＝ PlayStation4　PS5 ＝ PlayStation5　XB ＝ XBox One XBox SeriesX/S

チェックシートのダウンロード

付録のチェックシートは本書のサポートページからダウンロードできます。
以下の URL から直接移動するか、技術評論社のホームページから本書の書籍情報ページにアクセスしてください。

https://gihyo.jp/book/2022/978-4-297-12619-3/support

データは PDF 形式になっているので、ダウンロード後適宜印刷、書き込みなどをしてご利用ください。
なお、チェックシートのデータダウンロードは本書をご購入いただいた方を対象としたものです。再配布や素材利用などは許可されておりませんのでご承知おきください。

制作協力

●**製品画像利用（社名50音順）**

アイレムソフトウェアエンジニアリング株式会社
株式会社コーエーテクモゲームス
コナミデジタルエンタテインメント株式会社
スリーエム ジャパン株式会社
株式会社セガ
株式会社バンダイナムコエンターテインメント
株式会社ミクシィ

●**イラスト利用（50音順）**

Maks
いらすとや
中西達郎(サークルクロラロラ)

■著者プロフィール

吉沢 秀雄
テクモ、ナムコ、バンダイナムコゲームス、バンダイナムコスタジオにて、ディレクター、プロデューサーとして様々なジャンルのゲームを制作。
2016年フリークリエイターに転身し、全国の大学や専門学校等で講演活動を行なう。
2020年東京工芸大学芸術学部ゲーム学科の教授に就任、現在に至る。
代表作は「マイティボンジャック」「忍者龍剣伝」「風のクロノアdoor to phantomile」「ミスタードリラー」他50本以上。

カバーデザイン　宮下裕一
本文デザイン・組版　クニメディア株式会社
本文イラスト　Maks
編集　落合 祥太朗

「気持ちいい」から考えるゲームアイデア講座

2022年 3 月 1 日　初版　第 1 刷発行

著　者　吉沢　秀雄
発行者　片岡　巌
発行所　株式会社技術評論社
東京都新宿区市谷左内町 21-13
電話　03-3513-6150（販売促進部）
03-3513-6160（書籍編集部）
印刷／製本　日経印刷株式会社

ISBN978-4-297-12619-3 C3055
Printed in Japan

■お問い合わせについて

●本書に関するご質問は、FAXか書面でお願いいたします。電話での直接のお問い合わせにはお答えできませんので、あらかじめご了承ください。また、下記のWebサイトでも質問用フォームを用意しておりますので、ご利用ください。ご質問の際に記載いただいた個人情報は質問への返答以外に使用いたしません。

■問い合わせ先

〒162-0846
東京都新宿区市谷左内町 21-13
株式会社技術評論社 書籍編集部
『「気持ちいい」から考えるゲームアイデア講座』読者質問係
FAX:　03-3513-6167

https://book.gihyo.jp/116